拆解問題的技術：
讓工作、學習、人生難事變簡單的
30 張思考圖表

作者：趙胤丞

作者自序

作者：趙胤丞

這幾年企業內訓一直有學員會問我這幾個問題：「一定要學習專案管理才能做好專案嗎？」、「一定要學習心智圖法才能提高效率嗎？」。我當然可以找到一堆支持學了有效的實證，但也可以找到一堆沒學這些依然成功的案例。於是我很好奇，沒有上過心智圖法或專案管理的人，如何做來提高效率？背後有沒有超越工具的思維，那又會是什麼？

因為自己希望給學員更滿意的答案，所以我針對這問題開始更深的探索，在接觸很多工具方法論之後，我赫然發現，不同工具雖呈現方式不同，但是背後的思維模式都很相近。與其繼續追求更多不同的法門，倒不如仔細沈澱專研潛藏在背後的思維方式，這樣才能夠跳脫出工具方法論的限制，才能夠將工具為我所用，而不是我成為工具的奴隸。這讓我想到禪宗五祖弘忍對六祖慧能所講的一句話：「不識本心，學法無益。若識本心，見自本性。」也是同樣道理。

在我不斷思索的過程，遇到很多貴人。那時透過華人時間管理講師張永錫老師引薦，結識電腦玩物站長 Esor 兄，在一次碰面討論激盪很多思想交流，跟超級高手過招真是痛快！我也極度榮幸能夠邀請 Esor 兄擔任本書編輯。在與編輯 Esor 兄多次腦力激盪討論，決定了「拆解」這兩個字的概念當作本書的主軸。而「拆解」這兩個字也讓潛藏在工具方法論背後的思維模式，得以用「說人話」，相對容易理解的方式跟大家分享。

當熟悉了拆解思維模式，再回來重新操作工具方法論，會發覺工具方法論更快速上手，這也是我當初始料未及的新收獲！謝謝編輯 Esor 兄的大力推薦，讓何飛鵬社長看到這本書的可能性，並在拜訪何飛鵬社長時得到很多建議與啟發，深深感謝何飛鵬社長的提攜。

當下次遇到別人學習速度快，別再只是羨慕跟稱讚對方是天才，要去觀察思考他的學習模式是什麼，我又該如何做才能跟他一樣。當別人提案通過率高，只是因為跟主管／客戶關係比較好嗎？還是有什麼優點讓主管／客戶都點頭稱是不斷買單呢？羨慕他人成就很棒，只是如果能夠讓自己也達成，這一定會是更美好的事！因此，我在《拆解問題的技術》一書當中，把我周遭與親身案例重新梳理過，然後從中挖掘背後的思維模式，並把它拆解為可以操作的步驟，只是很簡單的一個初心：希望能夠讓您有所收穫。

本書完成之際，有些人我很想要好好說聲謝謝。首先，謝謝爸媽與老婆對我工作與寫書的體恤，總是輪流照顧著兩個寶貝孩子，深深感謝。再者，謝謝所有聯名推薦與默默協助胤丞的前輩老師與朋友們，當我疲倦迷茫時，有機會看到各位老師前輩的典範身教，而使胤丞更有動力堅持初衷。最後，謝謝購買此書的您，讓我有機會與您分享我的有限經驗，也希望購買此書的您能透過刻意練習，然後換取您的未來無限成長！那麼這本書就圓滿完成使命了！謝謝大家！

編者序

Esor（電腦玩物站長）

我做事，總喜歡追根究底。不是龜毛，而是想學「背後的邏輯」。我不只是想解決眼前這件事情，而是希望能透過某個問題的解決，學會一種新思考模式，一個新世界觀，於是視野開闊了，下次遇到其他問題，就能自己找到解決辦法。

什麼是最快的學習方式？什麼是最有效率的工作方式？我認為關鍵都不在於問題的解決，而是解決過程中的「拆解」，唯有把前因後果拆解，把複雜架構拆解，最後拆解出某種通則，某些可能性。才能真正知其然，並且知其所以然，於是這類問題，將會對你來說再也不是問題。

大多數學習，都在解決某些特定問題。但是遇到層出不窮的新問題時怎麼辦呢？學會拆解的技術，下一次，我們期待能夠自己找到解決新問題的方法。

我很榮幸可以幫胤丞兄編輯這本「拆解問題的技術」，因為這就是我自己所信仰的工作方法，也是我信服的提升生產力準則。

這本書並非只是描述一個問題，然後告訴你解法。而是要把背後思考解決辦法的脈絡，一步一步地呈現在你眼前。不是要告訴你答案，而是要教你為自己的問題找到自己的答案。學會拆解，你將可以對自己有這樣的信心！

目錄

目錄

第・五・章
拆解學習難題

第・六・章
拆解人生難題

第・一・章

拆解問題的技術

1-1

拆解問題的技術

拆解問題的技術，是你職場、職涯必備的關鍵技能

以下的對話、問題你曾經聽過嗎？

A 君：「目標雖然設定在那邊，怎麼都一直沒有開始實現呢？」

B 君：「我的問題就是一直卡關，根本不知道怎麼開始？」

C 君：「雖然計畫做是做了，但總是沒辦法依照計畫完成？」

這些對話可能是事實，也可能只是職場上閒聊的抱怨。但無論哪一種，都有一種心情在其中：

> *我希望讓自己變得更好，希望突破困難，*
> *希望能解決問題，只是目前方法上不得要領。*

以上這些話都是我們的求救訊號！發出求救訊號，就是目前某件事對我們造成困擾，阻礙我們更往前一步。因為我們都希望自己生活能夠過得更舒適，去追求更高的理想，那麼就必須把干擾的因素給排除掉。

只是，我們常常在「拆解問題的方法」上不得要領，目前的方法不斷讓我深陷泥淖，卻不知道該如何脫身而呼救。

沒有拆解問題，就不會在問題上學到經驗

像是很多朋友會遇到的減肥問題，就是一例。大家對於少吃多運動大概聽到耳朵快長繭了，健康的方法其實大家都知道，但為何仍有不少人為這件事困擾著呢？並且在這樣的問題中反覆循環呢？

我看過親朋好友有一陣子每天山珍海味、常常吃好料而發福，有一陣子又因為縮衣節食而變瘦，如此不斷循環。這表示問題沒有被「根本的解決」，還不斷重新上演，每每問他怎麼又來了呢？就會聽到「沒辦法呀！」、「哎呦，你不知道啦！」之類的話語。

這時候，我就一直思考是什麼樣的原因，造成人不斷在問題當中循環而無法解脫。

每一年的年中、年底，都會看到大部份組織、企業，都在回顧檢視這一年度的表現。個人也是，常常會選擇在年底這個好時間，透過回顧來釐清這一年做了什麼事情。

這當然是重要的，但只有回顧過去也沒用：

> **必須要知道自己在哪裡發生問題，**
> **然後徹底「拆解問題」，才能真正學到經驗，**
> **未來才不會又犯類似的錯。**

正如聖哲蘇格拉底曾說過：「沒有經過反省的人生，是不值得活

的。」如果對於問題只是問了就算了，而沒有徹底拆解，就很難從同樣的問題中解脫。

沒有拆解工作，年資深也只是原地打轉

我常常遇到朋友來詢問我跟職涯選擇有關的建議，有的希望換產業，有的希望換環境，但都帶著徬徨語氣，和隱晦的試探角度。

我能夠明白這樣不安的心理狀態，所以我會看情況請教對方兩個關鍵問題：

> ⇨ 你過去這段時間的工作做了些什麼？
> ⇨ 你希望你未來能夠有什麼樣的生活呢？

為什麼要先問他「工作時做了些什麼」呢？因為工作的時間長度，不一定能夠轉換為實力，甚至也不一定代表累積資歷，如果沒有在工作時常常拆解問題，找出方法，那麼工作再久，往往也只是一段經歷痕跡罷了。

就像我朋友公司召募會計，原先設定是三年工作經驗，結果一在人力銀行開啟徵才後，居然有超過十年資歷、甚至二十年的資深會計也來投遞。只是面談完之後，卻發現這些資深會計的工作模式跟工作內容，數十年幾乎都沒有改變，不像會計而比較像是出納，所以無法因應目前公司會計的需求。

> **"**
> *拆解工作，找到問題，*
> *才是成長與改變的開始。* **"**

最後我朋友只能感謝這群資深會計願意前來面試，然後反而去錄取有學習動機、態度佳的年輕人。

這是真實發生在我周遭的故事。

沒有拆解目標，最後只剩讓人懊悔的不選擇

而第二個問題：「你希望你未來能夠有什麼樣的生活呢？」則是希望看到對方如何去拆解未來的問題與工作。

未來會強迫走到你的面前，不會等你慢慢累積經驗，所以我們不只要能拆解過去問題，更要能拆解尚未遇過的問題。時間是不等人的隊友，不論我準備如何，時間都會自己不斷往前，我只有採取行動，才能跟上時間的腳步。

我們都會從年輕到年紀漸長，會遇到越來越多的人生課題，需要有經驗的前輩給予我們建議。但說實在的，這樣的徵詢不要做太多次，因為徵詢次數越多，會聽到很多建議看似很好，但是因為太多建議，反而忘了自己也要有所行動。

畢竟人生是自己的，如果到最後自己的人生活在別人嘴巴下，那就太可惜了。

雖然沒有做過的事情，總是充滿未知，我們都希望用最有把握的方式去進行，我們希望對轉換後的生活也能有絕對掌握。但是這樣的心情，其實某程度也代表了自己對於未知恐懼，以及對不可掌握性的焦慮。

這樣的焦慮是人性，不用急著讓自己抽離這樣的情境當中，有時候你會從中找出一些自己思維的慣性，這也會是很棒的禮物。

擁有目標與夢想很好，只是夢想停留在空中樓閣，那就只是幻想。可能目標很大，卻也因為目標太大而心中感到壓力，而讓行動停滯不前，或是覺得等自己規劃好了之後再繼續吧？然後注意力就轉往其他工作事務上，當再次想起來的時候，已經又是半年一年後的事情了，那時候的心情可想而知一定很糟，可能也在內心責備自己，這樣的情況可能在未來週而復始不斷發生。有些人可能會反駁我這樣的說法，可能會出現以下的理由：

「要顧慮的事情太多，一時半刻無法採取行動。」
「我還沒有找到做這件事的好時機。」
「我已經很努力做了，但就是還沒有看到什麼成績…。」
「我太多事情要照顧到，我時間上沒有辦法進行。」
「這麼多件事情都很重要，我不知道從何處下手開始進行。」

　　但是有一件事情要記得：不管是否對未來做出決定，都是一種決定，也都要付出代價的。因為，不選擇也是一種選擇，這樣的代價就是繼續在目前這樣的情況下，可能會繼續被目前的情況困住，這就是不改變的代價。

　　只是改變呢？有時也帶有風險，常常看到很多人想得很樂觀，但最後行動發現困難重重，沒有人保證改變一定會成功。

　　這樣做也有問題，那樣做也有問題，那我們到底該怎麼辦？這時候一樣需要拆解的技術。

　　任何事情都有一體多面，體制內工作有體制內的甘與苦，體制外創業有體制外的好跟壞。沒有對錯，只是選擇，關鍵把你真正的想法拆解清楚：

⇨ 這樣的人生是你嚮往的嗎？

⇨ 這樣的人生是你願意的嗎？

⇨ 而這樣人生所出現的代價你願意接受嗎？

如果答案都是肯定的，那就做了吧！我無法掌握所有事，我只能把握自己在乎的關鍵事，其他的就交給時間來證明與蓋棺論定。

拆解問題是職場上的關鍵技術

而能夠如此豁達的心情，看待上述問題，我都要歸功於拆解。

透過拆解，我發現我可以理性思考，透過拆解，我不用一次又一次不斷更改事項的完成年份，卻在最後還是眼睜睜看著事件沒有任何進度。因此，我可以相對系統化地累積自己的資歷，而使自己的生活得到提升，讓自己在逐步的拆解中進步。

大前研一先生曾說過：「解決問題是工作的真諦。」

正因為每天都要面對這麼多問題，但卻不是每一個人都能夠處理問題。所以公司買的就是我們拆解問題、解決問題的能力，也因為我們能解決相對困難的難題，也因此會得到相對高的報酬。

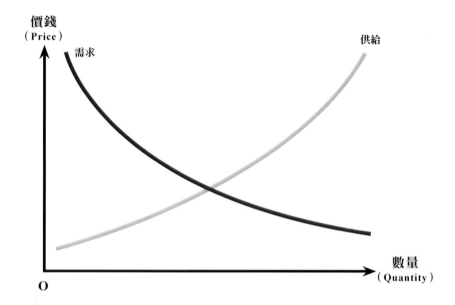

價錢
（Price）

需求

供給

數量
（Quantity）

O

　　這讓我想到以前學到經濟學的供需法則。供需法則是說供給曲線和需求曲線兩條線構成一個經濟學模型，被應用作決定市場均衡價格和均衡產量，適用範圍是競爭性市場。這樣講可能太過模糊，我舉個生活案例就清楚了。當颱風過後，高麗菜可能一顆就上百元，因為求過於供，資源稀缺的情況當然是價高者得。但也曾聽過隔年度產量太多，使得一顆高麗菜二十元還乏人問津，這就是供過於求，當然大家棄之如敝屣。這概念同樣也可以用到工作上。

　　把自己丟到市場上去看看吧！這樣才能準確評估自己的斤兩！我們可能會發現自己落在供過於求的趨勢當中，當下可能會有很多震撼。只是現實並沒有如此殘酷，而是像一面鏡子一樣，讓我們有機會了解自己的現狀，如此而已。

> *遇上問題，才能面對問題，*
> *才能拆解問題，也才能不斷進步。*

　　要思考的是，我要如何做才能轉移到求過於供的高產值曲線上呢？這就是面對事實問題之後，「才會有」的向上提升想法，不用害怕。若知道現實情況卻又逃避不改善，那才會迎接更殘酷的未來，那就是往供過於求的價格底線移動，當低於底線太多，那就離被裁員不遠了。

拆解問題小活動

Q：你目前是處在供過於求或是求過於供的曲線上呢？

_____

_____

_____

Q：未來你打算如何因應？

_____

_____

_____

1-2

拆解問題：不是套用成功經驗，而是先拆解自己

拆解自己，聚焦問題，具體行動，制定計劃！

在職場工作很常遇到難題，認真的我們都很擅長直接跳進去，埋頭就開始解決問題，但往往只是深陷泥沼，卻找不到走出難題迷宮的方法。

為什麼會如此？關鍵在於，我們沒有思考問題如何產生，以及我們喜歡用直覺與慣性去解決問題。我們會被自己的習慣、知識、工具與技術所侷限，我們都是經由學習歷練得到現在的能力與職位，所以我們會用自己以為的最有效率方式，嘗試去解決每個問題。

> **但正是你自以為的最有效率方式，**
> **卻反而忽略了問題本質的拆解，**
> **於是使用了錯誤的解決辦法。**

我記得提出需求層級理論的心理學家亞伯拉罕・馬斯洛先生

(Abraham Harold Maslow,1908-1970) 的一句話:「如果你手上有一把錘子,所有東西看上去都像釘子 (I suppose it is tempting, if the only tool you have is a hammer, to treat everything as if it were a nail.)。」

若是沒有從問題的本質重新拆解,就會拿著一套方法,想要套到所有問題上,而這樣做並無法產生更好的結果。

不能用一套方法與成功經驗,就想解決所有問題

我們生活在 VUCA 時代(多變 (Volatile)、不確定 (Uncertain)、複雜 (Complex) 與混沌不明 (Ambiguous)),現代工作上遇到的問題日漸複雜,而且可能每一次都不一樣,時代不一樣了,看似一樣的問題,也可能有不一樣的起因、變因和結果。

加上科技快速演進,過往的解決問題方式可能已經「事倍功半」,甚至用過往的方式來解決問題,反而會失敗收尾。為什麼我原本的方法無效了呢?這樣的感受頗令人挫折。

所以現在這時代我們更需要拆解的技術,透過拆解問題來看清楚問題本質,之後對症下藥,這樣的情況將會成為工作上的常態。而如何拆解問題,是一般人最為棘手的事情。

為什麼一般人會覺得拆解問題棘手呢?因為不習慣,以及因為不知道真正的問題在哪裡。

我們過往學習的歷程較為著重背誦跟標準答案,學習問題解決的過程中,也喜歡去學習很多理論方法跟成功經驗,等到遇到問題就一一拿出來套用看看,想要直接用書中所說方法來解決問題,或者想要直接照著前輩主管所說方式來解決問題。

> **"**
> 表面上看似博覽群書、樂於學習，但其實
> 本質上也被方法論所侷限，只想照著方法操作，
> 心中卻沒有想要真正自己去解決問題。
> **"**

　　而這本書不要談眾多方法論孰優孰劣，而是要介紹「拆解」本身的技術。

　　拆解能看清楚問題的全貌與本質，幫助你能夠做出正確行動，擬定適合方案，並在現實情況下有效執行，這樣達成目標也就指日可待。

　　我認為「拆解的技術」，就是直接直指問題核心的關鍵鑰匙！

解決問題，或是不解決問題，都是拆解

　　首先我要提到的是我們處理問題的態度通常有兩種：逃避它or 面對它。而這其實可以追溯自美國生理學家懷特·坎農（Walter Cannon）在 1929 年所提出的「戰鬥或逃跑反應 (Fight-or-flight response)」，內容是指說我們的身體會有一系列的神經和相關腺體因應著外在刺激而反應，使我們的身體做好相關防備或是逃跑準備。

　　但要選擇逃避它或是面對它時，我們心裡會很糾結，若一直在逃避與面對之間蹉跎太久，會發現自己沒有任何行動成果展現，其實會更加焦慮。不要存有完美主義的想法，這樣的想法放在一開始就會讓人感受到強大的壓力，因為做任何事都會有風險，要相信自己能夠學習，容忍自己的犯錯，進而從犯錯中學習，這是更有幫助的一件事情。

　　選擇有選擇的代價，不選擇有不選的代價，做了決定，就要有勇氣跟決心承擔做了決定的後果。而不是嚐到後果之後才悔不當初。這樣不斷循環經歷這一切，真的覺得如此的生命令人感到惋惜。

如果當你遇到要逃跑或是面對的選擇題時，可以問問自己幾個問題：

⇨ **這一定要由我做嗎？**
⇨ **我不做會有什麼後果？**
⇨ **我做了會有什麼效益？**

如果答案是否定的，那就不一定要自己做，如果答案是肯定的，那繼續糾結在心裡不想做，其實於事無補。只是當我們要做的時候，一定會發現有些問題我們處理過，有些可以用過去經驗值來給予我們協助。而有些問題我們沒有處理過，也就相當於沒有過去經驗值可以輔助。

尤其面對未知，我們有必要在新領域上快速系統化的學習，讓我們能夠快速掌握新領域的知識與技能。我也一直信奉一句話：別用過去的方法，教導現在的學生，面對未來的問題。而當我們在新領域有了一些基礎知識之後，就要有效率地拆解我們遇到的問題！

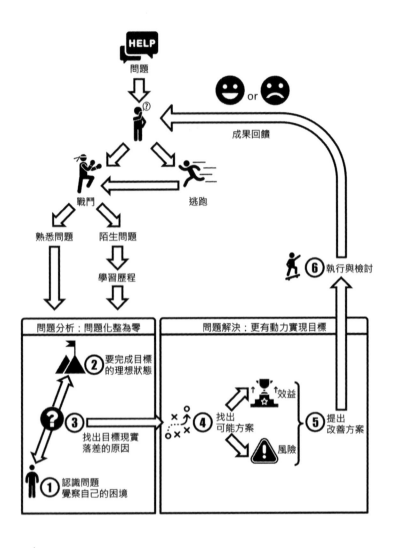

拆解問題本質的六個基本步驟

　　講到這裡，你一定會好奇詢問：「什麼是拆解的技術？」

> **以效果來說，拆解的技術是把問題煩惱化整為零，讓人能夠有動力去完成目標的技術。**

以實際的做法來說，拆解的技術有六個關鍵步驟：

⇨ **認識問題，覺察自己的困境，快速整理思緒。**

⇨ **想要自己要完成的目標的理想狀態。**

⇨ **找出目標與現實落差的原因。**

⇨ **找出可能方案 (評估效益 & 風險)**

⇨ **提出改善方案。**

⇨ **執行與檢討。**

其中第一到第三步，就是問題分析，把問題煩惱「化整為零」。
而第四到第六步，就是問題解決，讓人「更有動力去實現目標」。

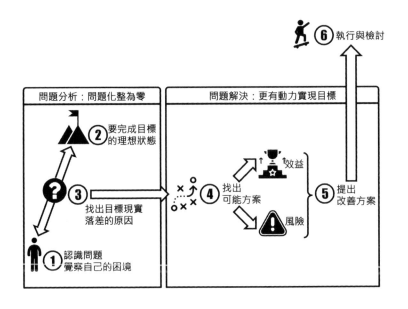

聚焦問題，從拆解自己開始

如何把問題煩惱化整為零？解決問題前，我們必須先解決自己，也就是想清楚自己到底怎麼想？到底想要什麼？

透過拆解來整理自己的思緒，能夠讓人把能量聚焦在眼前該做的事情上，而不是讓焦慮侵蝕了自己的能量與專注力，這樣才能夠專注把事情盡量高品質完成。

那要怎麼認識問題？什麼才是「真正的問題」？

> **問題就是：「目前現狀」與「你心目中所想」，有落差或不滿意的情況。**

因為有落差，所以才產生「問題」。這個落差可能是你人生願望與現狀的落差，也可能是你預期的工作成果與現實的落差。

所以第一步，我們要先釐清自己的目標到底是什麼？自己的目標和現實的落差又有多少？

拆解圖表

我借用日本曼陀羅筆記術專家松村寧雄先生所寫的《曼陀羅式聯想筆記術》中，提到的人生百年計畫八大面向，來讓我們有一個全面性的問題檢視表格。

	我期待的目標	遭遇的問題
健康	◆	◆
工作	◆	◆
財務	◆	◆
家庭	◆	◆
社會	◆	◆
人格	◆	◆
學習	◆	◆
休閒	◆	◆

透過寫下對自我目標的釐清，以及真實面對的一個個問題，是正視問題的開端。也會在寫下問題的同時，發現對於未來有了「更加具體」的新憧憬，那就是你對於這樣的現況希望改變，我們希望透過解決目前的問題，能夠讓自己有一個更美好的未來。

舉例來說，我之前曾輔導好友的孩子小武，就讀高中的小武期待自己的學業成績能夠變好，這對他來說是眼前的一個問題，但他又覺得好像不知道怎麼去解決問題。

我就請教小武：「你希望成績變得多好？」

小武說：「希望考進全班前五名。」

我說：「那考進全班前五名成績大概要幾分？」

他查了成績然後跟我說：「大概平均 85 分。」

我問：「那你目前成績幾分呢？」

他靦腆地回答：「74 分。」

我說：「那太好了！你已經找到要努力的目標了，那就是成績要平均進步 11 分。」

這樣的對話，其實也就是表格中的拆解，從自己的期望中，找到自己目前必須解決的具體問題到底是什麼。

拆解問題的第一個關鍵，就是自己與問題的對話。

找出具體問題，拆解具體行動

"
有了具體問題，去解決當下問題，
就是達成更好未來的最佳行動。
"

就像蘋果創辦人史蒂夫.賈伯斯在史丹佛大學的畢業演講提到的一樣：「你無法預先把點點滴滴串連起來；只有在未來回顧時，你才會明白那些點點滴滴是如何串在一起的。」

現在的情況正是過去行動累積串連的總和，而我們所要面臨的未來，也就是現在到未來這段時間所有行動串連的總和。只有持續地去解決問題，採取行動，最後才能達成我們所期望的目標未來。

就像很多人會羨慕他人能夠考進好大學，或是進入知名企業服務，我們總會直覺的認為是對方天資聰穎，但其實那是對方過去每一步行動積累的結果。如果希望許自己一個更好的未來，就從現在好好正視問題，然後透過系統化的方式累積解決問題的行動，並逐漸靠近目標，這時候，你會發現其實目標並不是如此遙不可及。

回到前面高中生小武的例子。

在拆解出具體問題後，我請小武把他要準備的科目都攤開，然後把目前近三次的考試成績都攤開，剛開始小武還有點退縮不自在，因為感覺要把自己不好的科目攤在陽光下，感覺到丟臉，我就跟小武說明：「面對自己，才能超越過去的自己。」於是，小武終於拿出完整的成績單。

我一看發現小武的數學跟物理分數不錯，都有接近90分的水準，反而比較弱的項目是國文、化學、歷史、地理，後面幾科都處於及格邊緣。我就這四個科目比較深入請教小武，為什麼他會考不好的原因，小武認為有的科目是老師教法難以吸收，有的科目則是沒有興趣，有的科目則是覺得很無聊而不想背。

我就根據小武的具體困擾，一一跟他說明解答，陪伴小武一起找出他比較喜歡的學習行動，並針對遇到的問題拆解擊破。這部分，在本書後段會談到更詳細的拆解學習的方法。

只有拆解問題，小武依然無法改變任何事情，而是需要有更多的行動。而如何執行這些行動，也可以透過拆解的思維一一解構，然後逐步單點突破，最後，就能透過行動累積的力量，逐步完成想要的成果。

拆解圖表

在前面我們列出來的目標、問題圖表後，我們可以再追加一欄，詢問自己每一個具體問題之下，我可以採取什麼行動來解決他。

	我期待的目標	遭遇的問題	我可以採取什麼行動
健康	◆	◆	◆
工作	◆	◆	◆
財務	◆	◆	◆
家庭	◆	◆	◆
社會	◆	◆	◆
人格	◆	◆	◆
學習	◆	◆	◆
休閒	◆	◆	◆

為行動訂定一套計畫

透過前面方法，拆解出具體行動之後，就是訂定小武的行動計畫。

要建立一個新習慣是需要時間的，我跟小武討論時，正好是下學期第一次段考後，我就跟小武制定了三個月的計畫，也就是在第三次段考時，來檢視自己是否有達到全班前五名且平均85分的目標。

所以小武每天都會跟我與他的父母親回報，今天完成哪些行動？而他自己有什麼想法與體會？

我不希望小武只是感覺被強迫執行這項計畫，而是我們一起參與討論，來決定整過計畫的細節與共識，我更希望小武知道這是一份對於自己的承諾。所以我一方面希望事情在進度上，一方面也希望能夠照顧到小武自己的心情，讓小武覺知成長是自己的功課。習慣改變本來就不容易，有怠惰是人性，如果有人從旁鼓勵支持，就能夠跨越難熬的習慣改變。如同福祿貝爾所說：「教育無它，唯愛與榜樣而已。」

> **而更重要的是，其實拆解任何問題，**
> **也就是在拆解自己，跟自己對話，**
> **讓自己可以透過行動成長。**

最後，到該學期結束時，小武很興奮來跟我說他剛好進到班上第五名，我大大恭喜他，雖然他語氣中仍有一絲失落，原來是第三次段考沒有達到平均85分的門檻，只達到84.68分。

那時候，我反而要小武不要這麼苛責自己，請他拿出第一次段考

的成績單跟第三次段考的成績單相互比較有什麼不同，小武發現整體成績都往上提升了，我說：「你要給予你自己更多的肯定，慶賀自己把行動計畫堅持到底完成！」因為只有三個月不到成績能夠提升平均近 11 分，是非常顯著的成長！差的 0.32 分，我們下學期再追回來。看到小武恢復自信散發的光芒，我知道在學習讀書上，我的好友，也就是小武的父母，可以不用操心了！

　　我舉這個例子是要說明，在小武遇到問題時，從頭到尾把小武的問題釐清跟拆解，就能找出關鍵原因，並針對具體問題，去提供適當的解決方案，然後讓小武能準確的知道要做什麼行動，這樣才能徹底執行與妥善追蹤，最後再透過賦能 (empower)，讓小武自己有能力能夠解決未來的學習問題。

　　這就是拆解的力量！希望這本書接下來的方法，也能幫助大家，學會這樣的拆解自己、拆解問題的力量。

1-3

第一性原理：找出真正不能改變的，並從所有可變中突破

不要把可變當成不可變，才能找到解決問題的巧門

我周圍有很多各領域學霸等級的朋友，會發現其研究領域之廣與深，我常常都十分好奇，他們到底是用哪些美國時間在讀書，明明都有工作與家庭要照顧，卻仍可以看到他三不五時就有新產出，就出現在新領域的突破，真心佩服他們。

於是一有機會，我就會跟這些高手朋友請教，經過幾次深入討論，幾位好朋友都會提到：「第一性原理」，我會心一笑，終於理解為什麼他們可以如此快速的學習新知識。

這麼多學霸可以跨界，是因為它們先體驗再詢問的實驗精神，以及善於透過第一性原理，找到該學科的本質，然後透過主題式閱讀、刻意練習，使自己快速熟悉，變得跟呼吸一樣自然。這就是學霸們為什麼能快速跨領域的原因，因為都是精通拆解本質的箇中好手。

其實學習新知識，就跟要拆解一個新問題很像，而我們的工作與生活中，將會有大量的新問題，等著我們去拆解，我們也必須學會

如何利用「第一性原理」去拆解問題。

什麼是第一性原理？

第一性原理，我第一次聽到這個概念，是在多年前就讀台大時，跑去旁聽哲學課程時聽到這個名詞，那時只記得把第一性原理當做亞里斯多德提出來的一個原理概念，但老師也沒有細說這是什麼，就匆匆帶過。

直到多年後，在被稱為現代鋼鐵人的埃隆。馬斯克 (Elon Musk) 的演講中，聽到他提及如何用第一性原理，在這麼多領域中有突破性的規劃與進展。「第一性原理」這幾個字，也忽然在我的朋友圈紅了起來，大家爭相討論什麼是第一性原理？

我也去查了資料與文獻，第一性原理是這樣表述：「每一系統中都存在第一性原理，第一性原理是最基本的命題或假設，而這樣的命題或假設是不能被省略，或刪除，或被違反。」我相信大家看到這段話的感覺一定覺得。每個中文字我都懂，怎麼結合在一起我看不懂！別擔心，這不是你遇到的問題，也是我遇到的問題。在經過反覆閱讀跟瞭解之後，我用比較口語化來說：

> **第一性原理就是把系統拆解到用最基本的元素呈現。**

但是，在拆解問題的過程中，第一性原理不只是哲學思考而已，而是透過拆解所有「不可變」和「可變」的元素後，我們將會找到解決問題的可行辦法。

問題的「絕對不可變」與「可變」

" *每個問題都有絕對不可變的元素，*
但也會有大量可變的動態元素，
而可變處正是解決問題的敲門磚。 **"**

只是我們在思考問題時，常常把「可變」元素當成「不可變」元素，於是就阻礙了我們解決問題的效率，這時候，就需要「第一性原理」的思考。

舉例來說，我最近跟家人到台中公益路去用餐，因為中午時段每家餐廳都很熱門，我們就登記候補幾家我們喜歡的餐廳，接下來的等待時間，就逛逛周遭的商店。

而在登記候補餐廳的清單中，一般餐廳都會問我們幾位用餐、貴姓、電話號碼等等資料，服務同仁就會把這樣的資訊手寫登錄在候位清單中，之後等排到我們順位時再以電話通知。如果你有到熱門餐廳用餐的經驗，基本上我們都對這樣的流程「習以為常」。

但是，我發覺有一家美式餐廳做法不太一樣，他不是用紙筆寫下來，而是用 iPad 來紀錄，當服務同仁把該詢問的問題都問過之後，我們就在他笑容可掬的歡送當中結束登記服務，並且他跟我們說明：「待會我們會收到一封簡訊，可以透過簡訊的連結查看我們的候位情況，也方便我們拿捏時間。」

之後不到五秒鐘，我的手機出現一封簡訊，裡面寫著「○○餐廳公益店最新動態查詢」的連結，點進去看，可以馬上看到自己前面還有幾組，就不用詢問店員。

接到這通簡訊之後，我就更想嘗試看看後續會有什麼樣的服務，是會來電通知輪到我們？還是有其他更有創意的方式？這個等待過程讓我多了一份期待感。

隔了二十分鐘之後，我又收到另一封簡訊，內容是這樣寫的：「趙先生，〇〇餐廳公益店位置整理中，可以準備回來用餐了。請問為您保留座位嗎？請點選連結回覆⋯。」

我當下覺得很神奇，於是用餐前，我特別請服務同仁幫我們安排離門口最近的位置，讓我好好觀察這小小的動作到底有什麼樣的改變。

我觀察到的是，過去餐廳負責登記顧客候補的同仁，通常要兼顧打電話給顧客、邀請顧客回來用餐的責任，但是致電客戶可能不一定打得通，像是電話錯誤、電話中等等，都會讓服務同仁必須再次致電詢問，如果一直沒有接通的的話，就只好往下一個順位叫號。只是我也當場看過過號的客人，回來跟服務人員咆哮，說自己沒有收到相關訊息，怎麼可以排了這麼久沒有吃到等等抱怨，瞬間可以感受到客戶用餐的興致已經蕩然無存。

然而這家餐廳用簡訊系統，則是讓過往需要特別安排一個人力來操作的「生產流程」，完全變成了讓顧客自助化進行。雖然簡訊也要花錢，以一封一塊錢為例，兩封就是兩塊錢，在一組客戶上就是要花費這筆費用，一天假設三百組客人前來用餐，一天就是花費六百元。一個月就是一萬八，一萬八看似一筆不小的支出。但過去用手機打電話給客戶其實花費也差不多，再者，還沒有把負責打電話員工的薪水算進去，其實改用簡訊系統，不僅減輕了服務同仁的工作量，也增進了候補訂位效率，因為員工不用再打電話通知客戶，可以更快速把在面前的客人服務做得更好。

傳統餐廳訂位模式

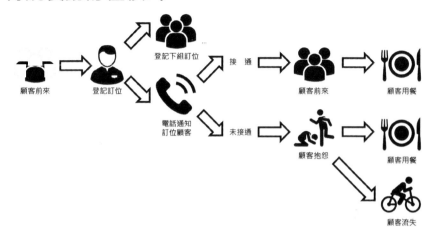

顧客前來　登記訂位　登記下組訂位　接通　顧客前來　顧客用餐　電話通知訂位顧客　未接通　顧客抱怨　顧客用餐　顧客流失

使用第一性原理餐廳訂位模式

顧客前來　登記訂位　登記下組訂位　簡訊通知顧客訂位成功　簡訊通知顧客可回來用餐　顧客前來　顧客用餐

但是，這個案例跟第一性原理有什麼關係嗎？我覺得關係大了！

我們剛剛不是說，每一系統中都存在第一性原理，第一性原理是最基本的命題或假設，而這樣的命題或假設是不能被省略、或刪除、或被違反，對吧？

那麼在這個餐廳案例當中，餐廳店家、客戶，以及餐廳要通知客戶用餐的訊息，這是這個問題中的三個主要元素。但是在第一原理當中，並沒有規定或限制店家要用什麼樣的方式來傳遞訊息給客戶，這就是「可變」之處，也就是解決問題之處。

我們過往都是用人工的方式電話通知，或是在現場大聲呼叫，現在有簡訊通知，送達率更好，員工也相對輕鬆，何樂而不為呢！那未來是否會有更先進的模式，我覺得一定會出現，載具可能就不一定只是手機。

> 而重點是，當思緒回歸第一性原理的時候，你會發現思緒不再被侷限，透過最本質的元素來釐清關係，並找出可以突破的不同方法。

再複雜的問題，只要確認不可變，就能找到可變方法

在這個資訊爆炸的時代，「第一性原理」真的是必備的學習與解決問題原則。當我們身處的環境有太多變數想不透徹時，就一定要先把變數們拆解分類，透過分類來歸納不同種類的變數，之後在每一類的變數當中，找出最關鍵的變數是什麼。

我們這時候可以透過第一原理的篩選，思考：

「拿掉這個變數之後，
事情是不是就無法進行／完成？」

如此反覆驗證，就會找出最核心的關鍵，也會找出那些其實可以改變的環節。

若像我一樣的平常人學拆解，第一步就是釐清可變與不可變的元素，這樣許多問題就不會一頭混亂：

不會在「不可變」處硬要解決，
也不會在「可變」處不知變通。

很多朋友遇到問題就卡關，其實就是沒有從第一性原理來思考問題。

不只解決有經驗問題，也要能拆解新問題

而如果能夠先從這個最簡單的分析技巧入手，培養自己解決各種問題，尤其解決「新問題」的能力，就能夠在這個社會上有立足之地，能夠解決的問題也會大量增加。

一般來說我們遇到的問題，可以分為之前做過的類似問題，和之前沒做過的新問題。

之前做過的問題，我們過去有相關經驗，這時候拆解上相對容易。像是過去我曾經參與規劃六千人規模的訓練藍圖系統，後來有機會參與一萬三千人規模的類似專案，就相對容易駕輕就熟，因為有做過相近專案的經驗可以參照。在已知的問題上，就能用高效率的方式完成。

　　但真正的問題是那些沒做過的「新問題」，這時候，我們就可以有更多心力，利用第一性原理，去面對與探索未來許多未知的問題。

　　在這個 VUCA 時代，未來很多事情已經沒有過往的規則可循，就必須透過更加基礎的第一性原理來拆解元素，認識新事物，這樣透過拆解，就能更加清楚掌握各種認識與事情的本質，更能夠讓我們去面對這個沒有標準答案的世界，並掌握我們可以控制、改變與執行的解決方法。

拆解問題小活動

....

Q：你正遭遇哪個新問題？

_____

_____

_____

_____

Q：你可以透過第一性原理，拆解問題不可變的部分嗎？

_____

_____

_____

_____

Q：那麼其他有哪些可變部分？你又計劃怎麼改變？

_____

_____

_____

_____

1-4

創新的支點：不是直覺靈感，而是拆解出現實洞見

解決問題的最佳辦法，不在你的腦袋裡，
而在你對現實的拆解中

解決問題一直碰壁，要怎麼找出創新的解決問題方法呢？

這個時代因為科技的推陳出新，各個產業均開始創新當道，都希望知道如何透過創新來轉型。只是創新談何容易，過往看到很多企業創新往往都是靠直覺，但是愈創新，離使用者越來越遠。

我們誤以為創新就是一種靈感，只是發生在腦袋裡直覺一閃的東西。但事實上，真正的創新並非如此。

真正的創新，建立在對使用者想要解決問題的基礎上，以及建立在對使用者的多面向情境（功能性 / 情緒性 / 社會性）的分析上，由此出發去深度瞭解使用者，然後才產生洞見（Insights）。這並非憑空想像或靈感一來，而是需要更多的心力不斷的拆解問題。

但因為大多數人不會如此做，以為創新是不需要分析，不需要大量資料整理的。這也很像大多數人解決問題時，都想要憑著直覺，但往往跌得鼻青臉腫。

但事實上，透過深入拆解現實問題而來的創新，反而容易產生真正差異化的創新，而且這樣的創新不只有單點突破（單點突破常常只有一點水花，就像水滴到水面上的漣漪，清清淡淡的，無法產生太多效果），而是包含從思維開始的系統性轉變，這樣的創新更具結構力、影響力與延續力。

早上的奶昔，下午的奶昔

在克里斯汀生博士最新力作《創新的用途理論：掌握消費者選擇，創新不必碰運氣》中，我閱讀完正發覺這是第一性原理與拆解問題，在創新的延伸應用。

在克里斯汀生博士書中有一個非常經典的案例，那就是如何增加奶昔的銷售量。

某連鎖店花了好長一段時間研究，希望透過焦點訪談，去找出如何讓消費者多買一些奶昔的關鍵因素。依照顧客回饋，他們做了很多嘗試，但是業績仍毫無起色，一點成長都沒有。

於是，克里斯汀生博士嘗試用他的創新方法來解構問題，回到最根本的「現實面」重新展開架構，他問：「顧客購買奶昔是為了解決生活中什麼任務呢？」

從這個問題出發，重新研究後發現，大多數顧客白天喝奶昔是為了消磨時間，排解通勤開車的無趣，又能有飽足感。那麼有哪些產品可以滿足同樣需求呢？能滿足這樣需求的競爭產品就是：香蕉、貝果、甜甜圈、早餐棒、冰沙、咖啡等等，而不只是其他連鎖店的奶昔或飲料。而下午跟晚上奶昔購買又是不同的用途。

另一方面，顧客如果下午想要喝奶昔，則通常是作為增進親子關

係的媒介，許多家長都會拒絕孩子種種要求，但總還是會希望滿足孩子的某些需求，奶昔就成了一個好的出口。供應小杯的奶昔，讓人迅速吸完，又不會讓家長產生太大罪惡感。這時候，「下午的奶昔」不像晨間時跟香蕉、巧克力或甜甜等食物競爭，而是跟逛玩具店或是打球的時間競爭。

透過了解顧客在特定情境下想完成的任務而想出解決方案，這就是拆解與第一性原理的延伸應用方式。並且我們在這裡學會：

> **要從分析現實作為支點，
> 來找出解決問題的創新出口。**

創新不是天才之作，而是分析現實的結果

就像最近幾年非常火紅的共享經濟，也是一種創新洞見。在《經濟學人》的定義中，共享經濟就是「在網路中，任何資源都能出租」。

過往很多資源都是要用時很緊急，不用時卻很閒置的狀態，像是買車通勤就是如此，週一到週五可能只有上下班會用到車，其他時間還要繳納停車費跟保養，閒置時間都是浪費的。

所以 Uber / Lyft 等共享汽車出爐，就讓很多閒置車輛得到了運用。Airbnb 也是一樣的道理，只是轉換成閒置房間共享。

我們看到的是這些企業的創新，覺得他們都很天才。但仔細分析背後的原因：

> **"** *其實無非都是在「解決現實問題」，*
> *並且在「現實情境」中找到洞見。* **"**

因為，現實才是創新最好的支點。

不創新，就等死

只是有時候我會思考，創新是好事嗎？

當你是受益者時，就會認為是好事。當你是受害者時，就會認為是壞事。因此當 Uber 服務推廣到每個國家時，總是會受到當地計程車業者大力反彈，因為當地計程車業者的生計受到影響了。

只是目前看起來這樣的浪潮是無法太長時間用法令保護的，因為交通工具本質上就是將人或物從甲地安全運送到乙地，所有權跟使用權都是後來延伸的議題，Uber 取代計程車行的轎車模式，直接讓顧客透過平台簡化步驟地去中間化趨勢已經勢不可擋。

這其實也就是前面所說的「第一性原理」，其中有不可變之處，但其他都是可變之處，立基於現實，我們可以找到自己創新的途徑。

在時代洪流裡，我們無法阻止現實的改變，那麼我們自己就必須立基現實問題，去找到自己的創新途徑。

而且現在許多國家切入發展的無人車自動駕駛，所影響的層面遠比 Uber 更大。

像這幾年不斷推陳出新的機器人也是，波士頓動力公司 (Boston

Dynamics) 機器人已經發展到可以翻跟斗跟跑步，亞馬遜 (Amazon) 倉儲與阿里巴巴 (Alibaba) 旗下的菜鳥網路倉儲都是運用大量機器人分揀物品，全天候科技報導，傳統倉內的揀貨員，工作七個半小時，行走 2 萬 7,924 步，只能揀貨 1,500 件，就已達人工揀貨的極限；而在菜鳥網路智慧倉內，配合機器人，揀貨員僅行走 2,563 步，揀貨量可達 3,000 件。這都是科技帶來的便利，但也表示需要的人力也大幅度減少。

那目前為什麼還需要人工揀選？因為機器目前做不到揀選確認的動作，要規劃出來成本還太貴，目前人工比較便宜，只是當未來技術突破後，機器人都做得到效率成本化來揀選時的話，那人在揀選物品上就一定被機器人所取代。

或者才前幾年發生的事，2017 年 Google 的圍棋程式 AlphaGo，才打敗世界棋王柯潔震驚世界，大家都還在思考如何打敗 AlphaGo 的相關策略，結果 AlphaGo 已經被打敗，被自己的新版本 AlphaGo Zero 打敗。

AlphaGo 的團隊於 2017 年 10 月 19 日在《自然》雜誌上發表了一篇文章，介紹了 AlphaGo Zero，這是一個沒有用到人類資料的版本，比以前任何擊敗人類的版本都要強大，通過跟自己對戰，AlphaGo Zero 經過 3 天的學習，以 100:0 的成績超越了 AlphaGo Lee 的實力，21 天後達到了 AlphaGo Master 的水平，並在 40 天內超過了所有之前的版本。

當電腦程式已經會自主學習，人類的價值在哪？

因此，當整個時代的創新不可阻擋時，要思考如何讓自己從受害者變成受益者！可以從下面幾個角度來思考：

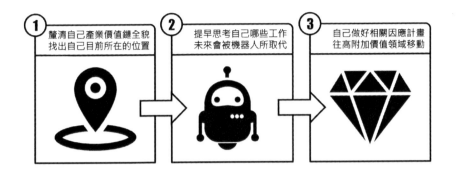

| ① 釐清自己產業價值鏈全貌
找出自己目前所在的位置 | ② 提早思考自己哪些工作
未來會被機器人所取代 | ③ 自己做好相關因應計畫
往高附加價值領域移動 |

Step 1　先釐清自己產業價值鏈的現實全貌,找出自己目前所在的位置。

可以多看很多單位做的產業價值鏈報告,因為知道自己在產業的哪裡才能夠比較有整體觀的系統思考,然後才能夠掌握自己的所在位置。不然一個人非常急切,因為焦慮而想要改變,但又橫衝直撞,就很像摸黑開槍,卻希望命中目標一樣,根本是天方夜譚。

無論是面對自己的職涯選擇,還是面對自己的各種問題,都是如此。

AlphaGo ,於 2014 年開始,由英國倫敦 Google DeepMind 開發的人工智慧圍棋程式,使用了蒙地卡羅樹搜尋與兩個深度神經網路相結合的方法,其中一個是以估值網路來評估大量的選點,而以走棋網路來選擇落子。在這種設計下,電腦可以結合樹狀圖的長遠推斷,又可像人類的大腦一樣自發學習進行直覺訓練,以提高下棋實力。

Step 2　當去中間化趨勢不可擋，思考自己哪些工作會被機器人所取代而去除。

上網查詢，看看哪些工作已經逐漸被機器人取代，那就把那些領域圈起來，以及自己有哪些工作會被取代，如果被取代的機會比較大，就表示要有危機意識，要開始思考之後的出路。

Step 3　規畫往高附加價值的領域移動。

多數人不喜歡改變，所以常常會有溫水煮青蛙的慘劇發生，那時要改變已經來不及了。

根據前面步驟規劃，低附加價值的工作被機器人取代了，因此要讓自己往高附加價值區塊移動，看是否要同一產業，或是相關延伸產業，甚至跨產業都可以，這時候就會發現自己可能不一定能夠轉換過去，那就表示能力還不足夠，但是相對於其他人，因為我們已經找出現實問題所在，所以仍有一些時間可以學習跟累積，來因應未來可預期的變化。

或者，我們也可以從這些現實問題中，找到自己創新的機會，進而開發創新產品／服務，都是相當可行的解決方案。

關鍵就是，無論是工作、問題中的創新解決辦法，乃至於自己面對創新時代的自我革新，都一樣必須先透過分析現實，產生現實洞見，而不是憑著直覺橫衝直撞。

拆解問題小活動

· ·

　你要不要試著釐清看看，自己創新的支點在什麼地方呢？試著填
寫下面的圖表。

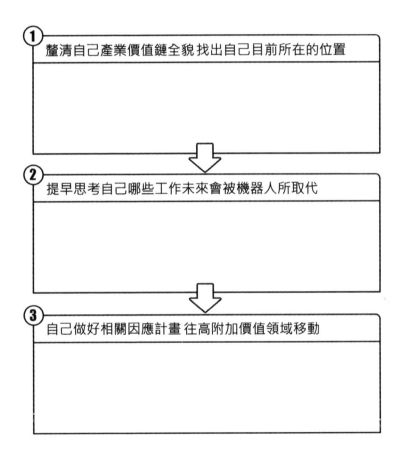

1-5

做與不做：不是熱血衝動，而是選擇最佳現實解答

做與不做：不是熱血衝動，而是選擇最佳現實解答

你有夢想嗎？有夢想卻似乎無法實現，這可能是現代人最常遇到的最大問題。

在這個處於悶經濟的社會當中，悶讓人看不到夢想，仰望天空，只看得見霧霾灰矇矇，看不見遠方。

這也難怪歌手黃明志與王力宏合唱的「漂向北方」，如此扣人心弦，因為不只我們遇到這樣的困境，對許多朋友來說，也都覺得這是夢想失落的年代。

但也如同狄更斯在雙城記裡的一段話說得明白：「這是最好的時代，也是最壞的時代 (原文如下：It was the best of times, it was the worst of times)。」

過去發生的，我們無法改變，所有的經歷造就了現在的我們，與其活在悔恨中，不如將人生掌控權抓在自己手中！奮力一搏！

與其什麼都不做，不如拆解出自己現實處境，找出可以拼搏的最

佳選擇。

找到問題，就是你會更好的開始

再問一次開頭的問題，你有夢想嗎？

如果你回答有，恭喜你擁有你的夢想！那接下來我就要問你幾個問題，也請您如實回答，雖然我看不到你的答案，但正在看這本書的你一定有一些覺察與清楚感受。

> ⇨ **你會時常心裡面有一股焦慮感嗎？**
> ⇨ **你會時常覺得希望更加進步嗎？**
> ⇨ **你常常努力往夢想前進，但是常常事與願違達不到成效嗎？**

我們常常做選擇都是靠過去經驗累積，甚至有些時候是純粹靠感覺的，有 Fu，你懂嗎？我想我們現在彼此都有了會心一笑。只是這樣的決策模式無疑是一種賭博，因為這樣的根據難以量化，而且人的感覺也會因為不同的情境而有所改變，所以影響的變數就很多，也造成結果無法如人所預期。

有些人會說，我人生這麼多限制，我真的可以追求夢想嗎？這本書不是要宣導這種有夢想、有熱血就能夠突破的想法，這樣不好！是的，我部分同意你的看法，階級要流動不容易，這是殘酷的現實，也是重重限制。

要突破限制雖然不簡單，但有一種行動我不會建議你去做，那就是坐以待斃。

我舉一個例子,是蘋果創辦人史蒂夫.賈伯斯所說的一段話:「我每天早上都看著鏡子問自己,如果今天是人生的最後一天,我會想做我今天即將去做的事嗎?每當一連好幾天的答案都是『不』,我就知道我需要改變了。」

我想說的是:「你滿意現在的自己嗎?」如果不滿意,那麼這正是可以去解決的問題,不要把問題跟人生交到別人手上。

就像在這幾年非常火紅的《被討厭的勇氣》一書中,我覺得最關鍵的內容,那就是「課題分離」。簡單來說,誰負責、誰決定。

所以依照這樣的邏輯來看,這是你的人生無庸置疑,所以自己要為所作決定負責,也就變得理所當然。就像我很渺小,我也僅僅只能對我自己的人生負責而已。能夠活在實踐自己夢想的道路上,不論再怎麼艱困,都會想盡辦法度過,因為這是打從內心想做的事情,找到這樣的動力,人定勝天才有實現的可能。

只是,有了夢想後,如果拖著不去實現,或者說不去放棄,那麼懸在那邊的夢想,永遠都是為我們帶來焦慮、壓力的「最大問題」。這時候,我該怎麼開始思考?怎麼拆解這個最大問題?

可以參考以下步驟。

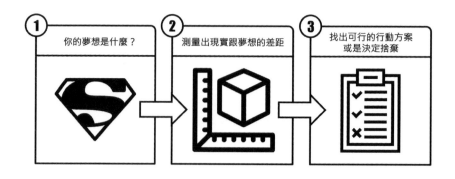

Step 1　先想一想你的夢想、問題是什麼？

> **夢想之所以叫做夢想，就是你目前還沒有達到的目標。問題之所以叫做問題，就是因為你很想要解決，同意嗎？**

　　如果你已經達到了，你會發現我的人生就這樣了嗎？那未來這些年我要幹嘛呢？就會陷入不知為何而戰的情況，所以你一定會繼續設定新目標，繼續去找新夢想，這就是人性，為了要讓自己有事情可以忙，避免整天無所事事不知所措，這樣的人生也快樂不到哪去。

　　所以，有時候有問題是好事，那代表我心中還有想要更好的部分。

　　不過，夢想是遠大美好的，但也要先清楚知道目前自己站在哪一個位置，自己有幾斤幾兩重。我們必須先清楚的認識自己真實的現況，這是目前自己的現況嗎？如果是，而且如果看起來和你的預期落差太大，請先不要在內心鞭打自己，責備自己怎麼這麼差。請先接納自己的狀態吧！不論狀態好壞，這就是目前的我。

> **解決問題時也是一樣，先認清自己目前真正的位置，才不會好高騖遠的採取做不到的解決辦法。**

　　過去已經是既定事實無法改變，但是未來仍有無限可能。我想起了去年我最喜歡的一部電影《解憂雜貨店》，裡面主角寄出空白信紙後，收到浪史先生回信的那段話：「白紙（人生沒有方向）看來很傷腦筋，但也因白紙，卻可任意描繪，充滿無限可能。」現況雖然不滿意，但這正代表我們有事情可以做，我們可以去成就更多，

我們要做的是面對未來勾勒出自己的夢想，然後逐步實現它。

我大學念的是心理學專業，雖然目前不從事臨床諮商業務，但我必須說心理學的四年訓練，讓我一輩子受用無窮。在心理學眾多大師當中，我也有特別欣賞的大師，那位大師叫做卡爾・羅傑斯（Carl R. Rogers）。我特別喜歡他提到的一句話：

> 「一個神奇的悖論是，當我接納真我存在，我的改變應運而生 (The curious paradox is that when I accept myself just as I am, then I can change.)。」

面對問題，首先我們必須接納問題的真實面貌，不只是心裡的接納，也要真正看清現實的所有位置，知道自己站在什麼位置上，這樣一來，才能避免做出不適合這個位置的錯誤決策。

錯誤的路少走，正確的路就越來越快速！是的，錯誤路少走，就減少損耗，減少耗損，自然就會增加成功的機率。成功與競爭是相對的，如果對手犯錯，很可能我們什麼都不做就會往上，但是只寄託競爭對手犯錯太過天真，因為我們無法掌握對手動態，能做的就是避免自己犯低級錯誤，之後看如何開展更美好的未來，而以下就是要跟大家分享怎麼思考。

Step 2　測量出現實跟夢想的差距

當我們已經知道自己的夢想跟目標時，就會大概知道夢想跟現實之間有了不少差距，而這個差距就是我們要努力的目標。

舉例來說，我朋友來找我諮詢時，說他希望十年後有一間房子，

一輛進口車，有存款。我說，那目前呢？目前朋友的情況是沒有房子，一臺中古車，存款有一些。

我說那依照你目前的生活型態，十年後大概可以存多少？朋友目前估計起來，覺得十年後是可以達到那樣的財務目標，我就跟他說你不用擔心，依照你目前作法就行了。

為什麼我能夠這樣給予他建議？因為我用了拆解的技術，把未來他的目標夢想轉換為財務數字，如果換算成金額要多少錢，那目前現況有多少錢，中間有多少金額的落差，再看看這十年他的收入跟支出情況來估計，然後評估他是否能達成。

> **任何問題、任何夢想，都要找出可以測量的具體數字，因為那是拆解的開始。**

有些項目金額很多，你會說我們沒有辦法全部考慮清楚，是的，但這不就是最真實的人生嗎？我們一輩子也無法完全考慮所有選項，只能考慮到我們覺得影響層面比較高的選項，不是不考慮，而是就算發生了，影響有限，那倒不如專注把最重要的幾個項目做努力！

Step 3　找出可行的行動方案，或是決定捨棄

當夢想跟現實的差距量出來之後，這時候會出現很多小聲音在你耳邊嘮叨：

這麼難我能夠完成嗎？

我有哪些資源？

我有多少時間？

執行有什麼阻礙？

那該用什麼方法達成？

相信我，這很正常，愈是看到現實與夢想的差距，就不會每一個目標差距都只出現一個聲音要你往前衝，這也太過於樂觀。而且如果只能往前一直衝，這某程度也表示你沒有選擇，只好一股腦往前衝，就算掉入懸崖也沒辦法。

可是，看到這麼多差距，心裡出現更多雜音，那是不是乾脆不要測量差距更好呢？

生命中最寶貴的價值在於，不論發生什麼情況，你都依然擁有選擇的權利！這是我所信仰的信念。既然是選擇，你就可能在知道落差之後，起碼有兩個選擇：「做與不做」。

我們可以先全盤思索過後，分析做與不做之間的利弊得失，之後再來做最後判斷。若選擇做，那就是全力以赴！

> **若選擇「不做」，這不是懦弱展現，
> 而是考慮後的成熟體現。**

因為做任何事情都有機會成本，不做表示這區塊需要花費的資源，遠超出我們能夠做的，這是現實中的限制，我們暫時無法改變，那就是接受這樣的生命限制，把時間花在我們能夠改變的事情上。

是的，拆解問題，不是說要把所有問題都解決，而是能夠明確的拆解出所有問題後：

> **決定哪些問題的解決有意義、可實現，
> 哪些問題必須擱置、必須捨棄。
> 這可能是解決問題更難的智慧。**

我們還是應該勇敢設定夢想，還是要讓夢想成為驅動自己前進的動力，但在前往夢想途中，先把利弊得失拆解清楚，就相對不容易跟夢想擦身而過，也不因放棄而飲恨後悔！活在一個迎向未來的人生，總比活在悔恨的人生來得痛快不是嗎？

拆解問題小活動

你要不要試著釐清看看，自己創新的支點在什麼地方呢？試著填寫下面的圖表。

① 你的夢想是什麼？

↓

② 測量出現實跟夢想的差距

↓

③ 找出可行的行動方案或是決定捨棄

1-6

以終為始：不是拆解眼前問題，而是朝向最終問題

職場上的問題，每天來來去去，但你是否逐步在解決自己的最終問題？

　　知名記者與小說家克里斯多福莫雷（Christopher Morley）曾說：「人生唯一的成就，就是用自己的方式活出自己。」

　　拆解問題時，除了從問題本身去解決，我們也要知道，自己解決這些問題，是要讓自己朝向什麼目標與終點邁進。

> 拆解問題的最高藝術，不是拆解眼前的問題，
> 而是朝著自己最終的問題前進。

　　若能活出自己的願景與天命，那此生真是太值得了。只是我要怎麼知道自己的人生願景是什麼呢？又該如何規劃呢？這可能是個很大的問題。

　　那我先舉個例子，讓大家更容易了解。我住在台中，當我們要從

台中住家前往台北，跟朋友會合一起到圓山大飯店吃喜酒，這時候要怎麼前往呢？

現在大概都會直接用 Google Maps 輸入住家地址，再輸入目的地圓山大飯店的地址，然後就讓 Google Maps 去規劃幾種我們如何抵達的交通模式，因為路徑已經調查清楚，所以可以少走一些冤枉路。

同樣的，我們的人生願景就很像我們要去的目的地，只是我們卻常常沒有經過這麼縝密的計算與思考，反而好像目的地籠罩了一層層的霧霾看不清，有時就可能盲目地隨波逐流，等到退休時一回頭已百年身，很多事情已經來不及了，而只能徒呼負負。

解決所有問題前，先確立自己的終極願景

如果生命中有一顆像北極星般不動的願景引領著我們，那該有多好！

如果還是覺得願景抽象，可以思考比較人文味的「終極關懷」（Ultimate Concern）。什麼是「終極關懷」（Ultimate Concern）？我會知道這個詞，是從已故恩師陳怡安 (1941-2014) 博士，在他的人僕課程中習得，此一名詞最原始是由保羅田立克 (Paul Tillich,1886-1965) 所提出。藉由保羅田立克所提出的「終極關懷」，來回答人生命最終極的問題，即人生命的意義和目的為何。

這我就要提到影響我很深的一本書：《與成功有約》。成功學大師史蒂芬・柯維（Stephen Covey）在書中有一個觀念我非常認同，正是柯維所提出成功者的第二個習慣：「以終為始 (begin with the end in mind)」。我們每一個人都是獨特的，朝向某一個我們選擇的目標終點前進，無論是人生的選擇，還是問題的解決，都應當如此。

我們必須選擇自己最終要走到的目標，才能做好自己的人生設計師，也才能真正去解決問題。

之前剛好有機會協助整理陳怡安老師的課程逐字稿，在生涯規劃課程當中，陳老師都會安排一段時間談墓誌銘。什麼是墓誌銘呢？是在墳墓中或墳墓上，以死者生平事蹟所寫的一份簡介，尤其對於偉大或值得紀念的人，其墓經常有墓誌銘。

人一生的功過無法當下判斷，而是蓋棺論定。而墓誌銘就是蓋棺論定的那段話！而陳老師的墓誌銘上面寫了一段話：「一生以悲憫為核心，不間斷地傳習人文價值，即使在最後一口氣，仍關懷著點亮人性的光輝。」

我每次看到這段文字都很感動，我知道我們誰都無法成為陳怡安老師，也不需要去模仿別人的目標，我所感動的是，我們唯一能做的只能活出自己，並且朝著自己想要的最終結果前進！

而當經歷苦難折磨淬煉後，依舊不變的願景就是我們信仰的價值觀。其實過程中的苦難是包裝過的禮物，讓我們有機會重新檢視並修正自己的信念。我回想過去每一次的苦難都使我飛躍成長，只要打不倒我的，必使我更加強大。

但前提是，我們要堅定自己的最終目標。

而美國學者愛德溫・洛克（Edwin A. Locke）在 1967 年提出的「目標設定理論」就主張，願景目標本身就具備激勵作用。它把人們的需要，轉變為向上的動機。

所以說趕緊寫下你的墓誌銘吧！而當我們能夠先確定人生目標與願景之後，之後踏出第一步，然後通往目的地的道路就會油然而生。所以也有聽過前輩說一句很精闢的話語：目標訂了，路就有了！

拆解問題小活動

Q：你會希望自己的墓誌銘寫些什麼呢？

確定自己的願景，才知道如何解決問題

那麼，我自己的墓誌銘又是什麼呢？我目前寫下的是：「一名認真負責的學習者／兒子／先生／父親，以助人工作者形式厚道耕耘，把學員本質上面沈積已久的灰塵撢掉，再現鑽石耀眼光芒。以傳承者的形式，傳遞腰果脆糖幸福滋味！」

我的墓誌銘雖然不完美，願望也不大，但我卻覺得很符合心中所期望的，一個人追求到自己所期待的，不也是一種幸福嗎？

當我把自己的墓誌銘寫下來之後，有了以下的覺知：我發現每天花時間在 LINE 與臉書，都不在我的願景之中，我之前花不少時間關注的新聞內容，卻都沒有出現在我的墓誌銘當中。

於是我就反省，既然這些不是我生命中最重要的事物，那又怎麼能持續佔據了我大多數的時間。我也需要有所行動調整了，不然我就做不到我寫下的墓誌銘了。

接下來要思考的問題比較實際，那就是我如何顧及工作發展前景與薪資問題，而使我能夠朝向願景邁進？我從《人生的長尾效應》這本書有了一些啟發，裡面的實際作法跟思維模式，非常適合職場人士，透過三階段架構我們的職涯發展，每個階段都是息息相關的，分別是：

⇨ 厚植實力 (第一階段)
⇨ 大展身手 (第二階段)
⇨ 投資傳承 (第三階段)

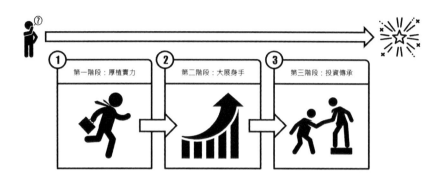

而這三段都能夠隨時跟願景相扣合，以避免自己迷失方向。

第一階段：厚植實力

我回顧擔任講師這五年多時間，我發現每年都會安排自己的進修，因為資歷尚淺，還很多地方需要加強，所以就靜下心來好好練功，透過跟典範前輩們的學習請教，讓我少走了很多冤枉路。

我也覺得首先自己能夠當一個好學生，爾後自己才能夠成為一個好老師。而且我不希望自己成為萬年教材的老師，我在意的是如何透過閱讀激發自己的想像力，不斷用最新的資訊與聽眾更容易理解的方式來傳遞內容，這也是我不斷精進的原因。

第二階段：大展身手

當基本功逐步練熟之際，就要大展身手。

我就用前輩送給我的九字箴言「高築牆，廣積糧，緩稱王」，來

思考自己的講師生涯，如果要做三十年以上，就不要急功近利，好好鍛鍊好功夫才要緊，而這九個字也是明太祖朱元璋的開國三策，九字方針。

「高築牆」是指腳下要有塊根據地，也就是要有一套自己的招牌課程，然後厚基實力，逐漸鍛鍊第二專長與第三專長。

「廣積糧」是助人工作者就廣結善緣，與人為善，把別人放在心上，默默地順水推舟。

「緩稱王」則是不要強出鋒頭到處宣傳自己的課程有多好，而是做好自己的本份，把握每次機會上好一次課程，照顧好每一堂課的學員，讓口碑成為自己最好的課程行銷。

第三階段：投資傳承

這區塊我只能仰望並感謝教導我的老師們，因為他們願意傳承的心意，才能夠讓我有機會跟前輩老師們學習。方法我不一定能夠模仿，但心意我絕對能夠傳承，用相同的心情來提攜後進。

同樣的，當我們面臨許多職場、職涯的問題時，有時候，不一定就是解決眼前的問題就好，甚至有時候不一定要解決眼前的問題。

因為我們必須更專注自己終極的目標，那麼才能找出拆解問題、解決問題的最佳方法。

拆解問題小活動

:::::::::::::::::::::

試著填寫下面這份空白圖表，拆解出你自己的答案。

① 第一階段：厚植實力

② 第二階段：大展身手

③ 第三階段：投資傳承

1-7

決定次序：不是什麼都做，而是決定最高效率流程

拆解出來的每個行動，都要決定權重，
並在執行中不斷檢視修正

　　拆解有時候是找到許多可以做的行動，但拆解在許多時候，決定的是「不用做」、「不要做」的行動。而他們都能帶來問題解決的美好成果。

　　拆解的好處就是能夠讓我們的思緒斷捨離，現在有太多過量資訊與過多決策需要抉擇，如何判斷資訊有用與否，一定會花費我們不少力氣。

　　而拆解，就能夠幫助我們畫一條界線，把對我們來說相對不重要的割捨或暫緩執行，然後把我們的精力專注於最重要的事情當中。

拆解，不一定是讓你去做更多事情

　　我過往也是一個 Yes Man，只要有人向我提出求助的支援，我基於朋友道義一定會幫忙，不管自己工作忙碌與否，認為挺朋友就是講義氣，結果搞到自己筋疲力竭！我的 Mentor 看到我這樣就

問我說：「你把你自己搞得這麼累，結果你得到什麼嗎？那你原本的工作是不是也因此受到影響呢？你覺得這樣取捨值得嗎？」當初我有聽進去，但是沒有真的執行，直到身體出現狀況後，我才覺悟不能這樣下去。

有這樣的自覺是一個開始，恩師陳怡安博士也說過：「自覺，是治療的開始。」對我而言，自覺也是改變的開始。

能夠完成很多事情很好，表示能者多勞，效率很高，但是這其中也有陷阱，那就是完成這件事情對於未來有幫助嗎？如果對於未來沒有幫助，我只是在做我已經知道的事，透過完成事情去做出交換（可能是金錢報酬或是人情報酬），這樣對於成長是沒有太大助益的！

試試看拆解那些你「不用做」的部分

我決定用拆解的方式，拿自己做實驗，就從自己的日常作息開始檢視，因為每天都進行，所以影響層面跟效果是最顯著的。

而就剛好在這個時刻當中，我認識了時間管理專家張永錫老師，我也向永錫老師學習時間管理的技巧，永錫老師操練的是 GTD（Getting Things Done），是另一個系統的時間管理法。

通常我們在面對龐雜的任務或模糊不清的專案時，非常容易挑簡單的事開始做，但常常這些簡單的事情都不是主要推進工作的關鍵任務，所以常常做完之後，內心依然被最重要且尚未解決的關鍵任務所盤據，導致腦袋在多工狀態下效率不增反減。

在《深度工作力》一書當中，有提到很多的實驗證明專注的重要性，在這我就不多贅述。

而 GTD 主要是幫助人們在面對每天這麼多事情與決策時，可以先花一些時間思考：

> ⇨ **每個任務的目標 (SMART 原則)**
> ⇨ **輕重緩急的程度**
> ⇨ **處理方式**
> ⇨ **所費時間與資源**

而在《深度工作力》一書當中還有一個極為重要的觀念，那就是：「高品質的生產工作＝花費時間 X 專注程度」。

這個公式我覺得也是拆解的典範案例，我們對於高品質的工作生產，基本上可以拆解為花費時間與專注程度，如果我們能夠長時間處於專注程度狀態，工作效率與產出自然就大幅度提升，所以就是要透過 GTD 時間管理輕重緩急，來幫助我們將更多的時間專注於更有價值的工作上，這樣的產值才是更加卓越的。

如何拆解出任務與行動的高效率流程？

這其實就是拆解，透過每一個任務的拆解，決定如何去執行？要不要執行？

那要怎麼評估？要先透過書寫或打字先把頭腦中的所有事情都先記錄下來，這樣頭腦就不用記憶這麼多事情，可以為大腦挪出更多的空間來做思考。

我們要記得一件事，頭腦是用來思考的，頭腦僅能記憶少數有價值的事物，所以大量需要紀錄的事情，最好能外接到其他記憶的地方。

拆解也是這樣，把需要拆解的事情都寫下來，就能用最清楚的方式，拆解出自己的每一個思考。

接著，把列出來的所有事情，所有問題，一一決定他們輕重緩急的程度。

我的覺悟就是調整好自己的身心狀態，逐漸把工作範圍縮減，如果別人可以代勞，就請別人幫忙，沒有一件事非我不行不是嗎？其他夥伴做或許做得更好，讓自己盡量縮小，起碼我心裡面不再如此急躁，思緒也相對澄明，我體驗後覺得很有效。

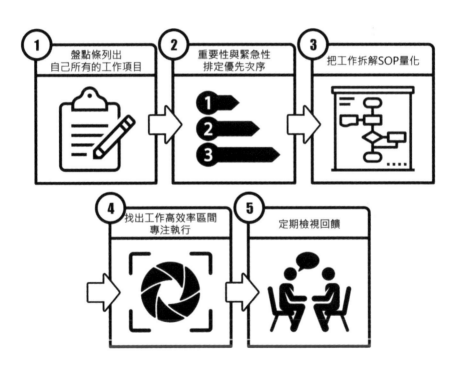

Step 1　盤點條列出自己所有的工作項目

首先，必須盤點與條列出自己所有的工作項目，如果無法盤點自己的工作內容，又怎麼能夠確保自己工作是最高效率的流程呢？

因此，盤點出自己的工作細項就是關鍵所在，盡可能根據事情條列出來。當如果工作項目太大無法一天完成，那就繼續拆解成更小的單元！

Step 2　重要性與緊急性排定優先次序

當我們盤點出所有工作後，就依照截止時間先後與項目重要性來做排序，這樣可以讓自己知道在時間有限的情況之下，要把比較多的心力專注在哪裡。

Step 3　把工作拆解 SOP 量化

依照我的經驗，大部份工作都是可以被拆解 SOP 量化的，像我以前在管顧公司做行政部門主管時，我盤點了所有工作，然後就思考我如何提高效率，我就想把自己的工作拆解盡可能 SOP 化。

我為了要 SOP 化，就一定要拆解我自己操作極為流暢的動作，這就能夠讓自己對於工作的每一步動作都有非常仔細的檢視跟演練，同時思考為什麼要有這個步驟動作的存在。

這時候，如果發現這個步驟不必要存在，我就會刪除來優化操作流程。如果這步驟需要存在，那就看如何做能夠最有效率，這也是我在檢視自己工作時深入了解所練就的紮實基本功。

而後來我發現將自己工作拆解 SOP，還有另外的好處，因為隨

著資歷漸長，會被賦予新的任務，可能會被拔擢成為主管，因此帶領部屬就成為很重要的工作任務。有些人帶部屬可能事必躬親，發現部屬做不好就自己跳下來做，這樣部屬訓練再久也不會成材。

透過自己拆解過的 SOP 化教材就能夠讓新人部屬快速上手。因為要訓練新手總是要一步一步慢慢教導，我也會紮實透過工作教導四步驟：「我說你聽→我做你看→你說我聽→你做我看」，由此來確認新人部屬的吸收程度，並在旁強化相對弱勢的地方，以確保新人部屬未來能夠獨立作業不出錯。

Step 4　找出自己的工作高效率區間專注執行

而有一份 SOP 教材在新手旁邊輔助，新手也比較心安，而當有不懂時，也可以自己查詢 SOP 手冊，降低來詢問我的機率，也就不會佔用我太多的時間也可以讓新手快速上手成為即戰力。

因為拆解 SOP 工作內容，新人部屬減少來請教的時間，我就要找出自己最佳化工作的時間專注地完成處理主管交付的新任務，因為時間相對充裕，我就能夠高效率地交出質量兼具的產出。有好成果當然就會有好的升遷之路。

Step 5　定期檢視回饋

定期檢視自己的產出是很重要的，可以透過主管 / 部屬 / 客戶的回饋建議做修正，追求卓越才能夠讓自己不斷修正流程，然後將自己的效能最大化。我個人堅信能不斷有高價值的產出，絕對是職涯成功的屠龍寶刀！

所以，你可以發現，如果想要增加工作效率，想要提升工作表現，其實同樣是要回頭透過「拆解問題」，一步一步找到可以最

佳化的方法。

╱ 小結

而到這一篇為止，我們結束第一章的「拆解問題的技術」總論，
在這裡我們學會：

> ⇨ 拆解問題前，先拆解自己。
> ⇨ 找出第一性原理，確認不可變與可變。
> ⇨ 尋找創新的支點，就在你的現實洞見中。
> ⇨ 不一定只能做，也能選擇不做。
> ⇨ 以終為始，朝向解決最終問題前進。
> ⇨ 決定解決問題的次序，最佳化高效率流程。

大多數問題，從工作上的小問題，到人生職涯的大問題，都可
以透過這樣的拆解問題方法，來尋找屬於你的解答。

而接下來，讓我落實到職場與職涯的各種面向，用一個一個具
體的又跟你切身相關，大多數朋友都會遇到的案例，來分享如何
利用拆解問題的技術，把問題迎刃而解。

拆解問題小活動

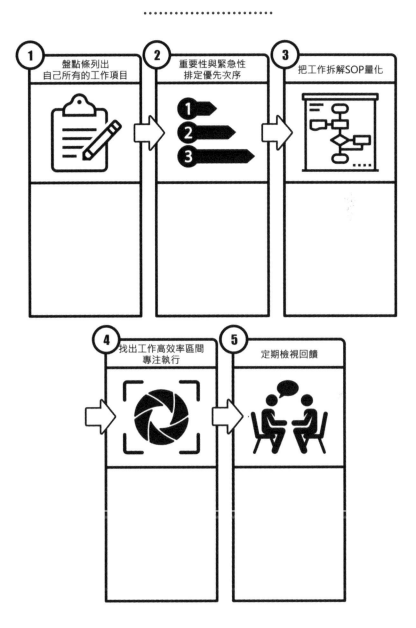

第・二・章

拆解職場難題

2-1

如何拆解職場上完全不熟悉的新任務？

新任務並不一定如你想像的難，只要能掌握快速上手的方法

在職場上，我們透過職務上完成工作、推進專案的成果，來累積主管／長官對於自己的信任，把自己職務工作完成，這是最基礎的本份。然而我們會發現，當我們工作上手之後，主管／長官也會開始賦予我們更多新的任務，特別是有時候交給我們不熟悉的新任務。

無論是職場新鮮人，還是職場老鳥，都可能遇到被交派新任務的問題，有時這些任務還是「完全無法拒絕」的！這時候，那我們該怎麼利用拆解問題，來有效處理這些新任務呢？

或許當被賦予新任務時，有些人馬上的反應是抱怨，像是會說出「主管／長官為什麼又要把這種事情交給我做？」、「還嫌我事情不夠多嗎？」等話語。某程度這可能是事實，但換個角度想，說出這些話語的夥伴也將失去學習新事物跟新成長的機會。

所以當遇到主管／長官給予我新任務時，我通常抱著想要挑戰的心情，躍躍欲試希望自己這次也能順利「拆解」他。要記得：

> **達成新任務的累積才是「真資歷」，否則只是「真年資」！這是我一直秉持的工作信念。**

踏出舒適圈，挑戰新問題解決

但是，要能有效解決新專案、有效達成新任務，也不是光想著願意挑戰就好，只有熱血也是無法好好完成專案，也無法累積你的資歷與被信任度。

我不知道你有沒有發生過以下這樣的問題，因為對新專案沒有太多經驗，都是一邊做、一邊學，然後一邊犯錯，往往攤開那些做新專案的故事，都是一篇篇心酸血淚史，要不是專案遺漏，就可能是專案延遲，甚至是專案失敗告終。

雖然我們常說：「失敗為成功之母」，失敗的專案裡，也有我們的寶貴的經驗學習，但要用親自體驗、親自犯錯的學習，才能做好自己負責的專案，這實在太花時間，而且，你的主管不一定有耐心等你犯錯、等你學習。

因此，我常苦思有無能夠快速上手新專案、新任務的方式。

這時候，或許環顧四周，想想自己身邊的朋友或同事，一定會發現有些同事可以用非常快速的方式掌握重點，然後迅速構思出專案的解決方案並開始行動，用有效率且高品質的方式產出。

那麼，你會不會很羨慕，也很好奇，這群高效率夥伴他們是如何構思任務，如何做到快速完成新專案的呢？

我周遭也不少這樣的高手，他們的方法可能各有不同，但通常都

具備某個「關鍵條件」，就是：

"總是對了解新領域抱持好奇心，
然後主動學習擴充自己的舒適圈。"

什麼是舒適圈？根據查詢維基百科 Wikipedia 的解釋是：「舒適區或舒適圈，指的是一個人所處的一種環境的狀態，和習慣的行動，人會在這種安樂窩的狀態中感到舒適並且缺乏危機感。非常成功的人通常會走出自己的舒適區，去達成自己的目標。舒適區是一種精神狀態，它導致人們進入並且維持一種不現實精神行為之中，這種情況會給人帶來一種非理性的安全感。」

這段文字解釋地很詳盡，而我看到的關鍵字是：缺乏危機感！

在自己的舒適圈沒有不好，只是自己難以成長。我想起來蔡康永先生在「奇葩說」中說過的一句經典：「沒有上進心不是過錯，但是會讓您錯過！」若想要獲得新領域技能絕不能沉浸在舒適區，這是獲得成長的前提條件，這是為了不讓未來的自己錯過更好的機會與成長。

逃離門外漢水平，關鍵是掌握新領域的知識

為此，我們不能只帶著門外漢的好奇心，結果就是讓自己腦袋也是門外漢程度，這樣新任務往往還是會失敗告終，因為我們無法判斷什麼該做與什麼不該做。

> *要解決新任務，不是埋頭開始隨便亂做，*
> *唯有先掌握新領域知識，*
> *才能做出更有效的判斷。*

因此最快上手新任務的方式，就是快速學習新領域相關知識。

但是，有些人也會說，學習新事物也要時間，怎麼可能在短時間熟悉新領域呢？

要快速瞭解新領域真的不容易，所以更需要拆解的技術，幫助我們「覺知並釐清學習路徑」，釐清後才能談如何熟悉，也才能快速學習。

好了！你有沒有發現，前面幾段，其實我們正在透過一步一步拆解，來把職場新任務這個問題逐步解決呢？讓我列出前面我拆解的步驟：

⇨ 接到新任務。
⇨ 當作跨出舒適圈的挑戰。
⇨ 必須知道如何做出有效判斷。
⇨ 所以要先掌握新領域知識。
⇨ 第一步要先釐清學習的路徑與管道。

原本可能是一團混亂的問題，但我們現在拆解出一個具體可行的行動了？就要去「覺知並釐清學習路徑」。

學習新領域時，我們原本的做法？

那麼，應該如何「釐清學習路徑」呢？我們先從自己原本可能的作法來思考看看。

下面有幾個選項，請試想看看如果是您的話，您會用什麼方式熟悉新領域呢？您可以把自己常用的方式勾選出來。

實作：你會用哪些方式熟悉新領域呢？
☐　**閱讀新領域入門書**
☐　**閱讀新領域專業書籍**
☐　**請教新領域專業人士**
☐　**Google 查詢**
☐　**新領域實際操作**
☐　**社群媒體呼救 / 連結**
☐　**其他：＿＿＿＿＿＿＿＿＿＿＿＿**

不知道您會用前面幾種方式來熟悉新領域呢？

根據我過往統計，有些人會用看書閱讀的方式著手，先去買幾本入門書，然後趁著空檔時間閱讀；有些則是會請教有相關專業人士。這些都很好。只是這都需要「花費不少時間」，但問題是，解決新任務時，我們可能沒有那麼多時間！

每個人面對的新任務不一樣，我不可能教你怎麼去學會每一種不同的新知識，但是，「學習新知識」這件事情本身，卻可以有個共通而更有效率的方式。

如何快速學習一個新任務的新知識？開口問

我是根據經驗找到快速瞭解新領域知識的方式，那就是複合使用上面的相關方式。

還記得我們第一章講過，拆解出問題的所有行動後，還要決定次序，決定自己的最終問題，才能知道怎麼採取行動最有效率。

首先，我會先充分了解我的新任務範圍，然後自己先不要查詢任何資訊，在腦袋是白紙的狀態下，腦力激盪列出一系列 (5-10 個) 問題，這時候的狀態因為不瞭解，所以更能帶著好奇眼光看待新領域的範疇與整體架構，而不會一下子就跳進去細節，花費不必要的力氣。

一開始也不建議只聚焦在新領域的太特定主題，雖然可能那跟新任務有較多相關，只是往往見樹不見林。因此我建議可以反向操作，先找出新領域主要框架內容，先見林後見樹，卻可以讓我們有較多關鍵字做好相關連結與觸發，說不定會有跟過往經驗相關聯，這樣學習更有效率。

所以我通常會整理出以下幾種方向的問題：

⇨ 「新領域目前最熱門的議題是？」

⇨ 「新領域未來趨勢為何？」

⇨ 「新領域的挑戰是什麼？」

⇨ 「推薦新領域的經典著作？」

⇨ 「推薦新領域的入門讀物？」

⇨ 「新領域哪幾家公司可作標竿學習？」...等等

這些都能有助於我們快速理解某個新專案、新領域，之後，我會用一個簡單的方法，來找出上述幾個問題要如何解決最快。這個方法說穿了沒什麼，但很多埋頭苦幹的朋友卻常常沒想到。

> 我會致電請教 3-5 位該領域專業人士上述這些問題，這樣就可以一個晚上就掌握新領域最核心概念與經典書單。

這樣一來，我就不會茫無頭緒的隨便亂讀，畢竟現在時間有限，從專業人士的推薦中，迅速閱讀並熟悉新領域核心概念，接著決定與新任務的搭配，這可以讓我用非常有效率的方式上手新領域知識。

有些人會說，我沒有這樣領域的專業人士朋友可以請教怎麼辦？

我也遇過很多專業領域的事情，都是我朋友也不熟悉、不知道的，但我知道自己可以做一件事，那就是：「學習開口請益」，可

以用臉書 facebook 跟眾多朋友詢問，或是跟長輩當面或電話請教，每個人都有我們不知道的知識與人脈，如果我們願意開口請教，不會有人去笑我們無知，而是會願意多花心力幫助我們找尋相關連結。

就算被他人嘲笑，那也是一時的，因為我知道自己還在學習成長中，不是得到就是學到的心態，讓我勇於向前而不懼。

而且當你開口詢問後，那驚奇的連結就像哈佛大學心理學教授斯坦利‧米爾格拉姆於 1967 年發表的六度分隔理論一樣，他根據這個概念做過一次連鎖實驗，嘗試證明平均只需要 6 步就可以聯繫任何兩個互不相識的美國人。所以不要侷限自己的成長可能性，擴大自己的舒適圈，嘗試去詢問，就會發現找到解答的速度，比你原本想像的快得多，未來的自己會感謝現在自己的勇敢！

拆解圖表

....

你有正要學習的新知識，正要解決的新任務嗎？嘗試用下面這張拆解圖表，試著快速掌握他的技巧。

實作演練	專業人士 A	專業人士 B	專業人士 C
我在新領域的工作任務有什麼？			
目前最熱門議題是？			
新領域未來趨勢為何？			
新領域的挑戰是什麼？			
推薦新領域經典著作？			
推薦新領域入門讀物？			
哪家公司可標竿學習？			
其他			

2-2

如何拆解時間總是不夠用的難題？

不是時間不夠，而是你沒有先把重要的事情放入

　　職場上一定常常遇到，要做的事情好多，時間怎麼排都不夠用。結果最後還是該做的事情沒做，被主管責備，但其實自己真的很忙碌。這裡面到底出了什麼問題？我們又應該如何拆解不夠用的時間呢？

　　不只是職場上，當我們把人生目標列出來後，就會需要擬定行動計畫，然後依照行動計畫來照表操課。只是為什麼行動計畫條列很多，但是實際執行情況卻往往不如預期，變成每天就是不斷再跟時間賽跑呢？

　　因為要做的事情太多，然而時間卻是如此有限，那要怎麼做才會比較好、比較有效率？這時候就會出現時間管理這個議題，我們需要學會拆解時間。

> 如果想把生命每一樣事情都做完，你會發現
> 時間永遠不夠。而如果每一件都做一點，
> 那就會一團混亂，無法產生好結果。

這時候，就要先做好一件事情，先把所有事情條列出來，之後再根據時間管理原則來幫助我們聚焦處理重要問題，才會達到相對好的效率模式。

如何拆解重要的事情？

而過往我知道且常常踐行的時間管理原則，最早起源於成功學大師史蒂芬．柯維 (Stephen Covey) 的經典暢銷書《與成功有約》一書中所提的：「時間管理四象限」。

什麼是時間管理四象限呢？時間管理四象限是由柯維提出來的時間管理理論，把工作項目按照重要和緊急兩個不同維度，一般來說橫軸 (X 軸) 是用緊急—不緊急，縱軸 (Y 軸) 是用重要—不重要來拆解，基本上可以分為四個「象限」：

而這四個象限分別代表的意義是：

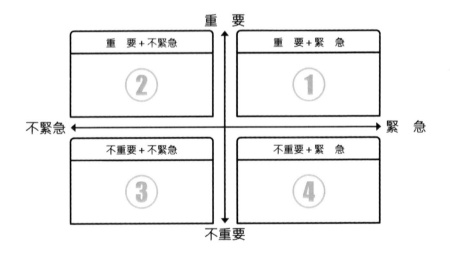

重要且緊急（第一象限）：

這是考驗我們的經驗、判斷力的時刻，也是應該用心施力的園地，如果荒廢了，我們很會可能事情無法如預期達成。但我們也不能忘記，很多重要的事都是因為一拖再拖，或事前準備不足，才變成「又重要又緊急」的迫在眉睫。這類任務，如客戶投訴、即將到期的任務、財務危機等。

重要且不緊急（第二象限）：

荒廢這個領域，將使第一象限日益擴大，使我們陷入更大的壓力之中，而人在危機與壓力下，能量容易消耗，可以一時有效率，卻無法持久應對，最後可能會疲於應付。這類任務，就是那些應該預先計畫並準備的，包含像是建立員工培訓、制訂防範措施等。

不重要且不緊急（第三象限）：

簡而言之就是浪費生命，所以根本不值得花半點時間在這個象限。像是上網、閒聊、團購等。

不重要且緊急（第四象限）：

看似第一象限，因為急迫感跟焦躁，會讓我們產生這件事很重要的錯覺。實際上，這類事情就算重要也是對別人而言。我們花很多時間在此疲於奔命，自以為是在第一象限成就很多事情，其實只是在滿足他人期望罷了。

這樣的情況持續越久，你會發現到大家把「你會幫忙」視為理所當然，以前你都會幫忙做，怎麼現在不願意了呢？是不是工作效率降低了？或是翅膀硬了？等不好聽的話也逐漸出現，這樣的情況反而會有相當的困擾，所以一開始就說明清楚為佳。這類任務像是電話鈴聲、不速之客、部門會議等。

如何拆解時間給重要任務？

> 分析清楚每個任務的輕重緩急後，接著我們
> 就可以拆解時間，照著「順序」，把不同的
> 任務放入時間中。

　　柯維在《與時間有約》書中舉了一個經典的比喻，如果生命就像一個大容器，我們若先擺放小石子、沙、水等無關緊要的事情，最後不但早已填滿，甚至連生命中最重要的大石頭都放不下。

　　為了放下大石頭，我們只好開始硬塞，只是調整過程中可能會花費很多的力氣，有時甚至把生命搞得一團亂。

　　若是換一種方式，依序在容器當中，先放進生命中的重要課題（大石頭），之後依序是小石子、沙與水的話，反而可以從容且順利兼顧與填滿，因為沙與水，很容易自己找到大石頭間的縫隙，自然把縫隙填滿。

　　上面的人生目標拆解，那些第一第二象限的事情，就像是生命中的大石頭一般，應該優先擺放進容器中，也就是「先填進你的時間表」，這時候因為容器很空，不但可以放非常多的大石頭，而且接下來，還可以在縫隙中填入更多的小石子、沙和水。

> 先把自己生命中最在意的課題，那些第一
> 第二象限的事情，也就是那些大石頭放進去，
> 才是拆解時間的有效順序。

說到這裡，或許有些朋友會說，時間管理四象限，這麼老套的內容也要提出來分享？其實我不是要故意說這麼古老的一本書，有些人會覺得了無新意，但我很認真閱讀超過兩千本書籍後發現，越簡單的道理越難做到，反而是追本溯源，把基礎功鍛鍊好，這才是快速往目標邁進的最佳路徑。

拆解圖表

拆解某週時間的小練習。我製作了下面這樣一張工作時間表，她的概念就是，先把重要的大石頭放進你的時間表，然後再讓不重要的小石頭去填補縫隙。

	重要且緊急 （第一象限）	重要且不緊急 （第二象限）	不重要且不緊急 （第三象限）	不重要且緊急 （第四象限）
星期一 （ / ）	◆ ◆ ◆	◆ ◆ ◆	◆ ◆ ◆	◆ ◆
星期二 （ / ）	◆ ◆ ◆	◆ ◆ ◆	◆ ◆ ◆	◆ ◆
星期三 （ / ）	◆ ◆ ◆	◆ ◆	◆ ◆ ◆	◆ ◆
星期四 （ / ）	◆ ◆ ◆	◆ ◆ ◆	◆ ◆ ◆	◆ ◆
星期五 （ / ）	◆ ◆ ◆	◆ ◆ ◆	◆ ◆ ◆	◆ ◆
星期六 （ / ）	◆ ◆ ◆	◆ ◆	◆ ◆ ◆	◆ ◆
星期日 （ / ）	◆ ◆ ◆	◆ ◆	◆ ◆ ◆	◆ ◆

讓目標關聯,讓時間重複利用

立下目標很好,但會發覺目標之間彼此會有關聯性與互補性,可能達成一個目標之後,有些目標也會一併完成。

> 在有限時間裡,如果我可以一次達成
> 多個目標,也就讓不夠用的時間,
> 有了更好的利用方式。

這可能是拆解時間的「終極絕招」。

舉一個例子,我在自己的家庭計劃中,寫下過這樣的目標:「讓家中事業:趙媽媽腰果脆糖,一年有 1000 組的量。」當初會規劃趙媽媽腰果,也是看到身邊長輩退休之後老化得很快,有的長輩只靠退休金生活幾十年,做很多消費都是精打細算,畢竟沒有生財能力。

再者,通常長輩到了退休年紀,晚輩也多長大成人,也多在外地打拼,某程度長輩早已進入空巢期,之前在職場服務時仍會感受到自己被需要,但是回到家中會不知道如何過活,被需求感也大幅度降低,這樣也會衝擊長輩的存在感。會覺得自己老了不中用的念頭可能跑出來。

這樣的情況身為晚輩看了也心酸,所以我暗自決定絕對不讓自己的父母親缺少「被需求感、現金流」,因而規劃了趙媽媽腰果脆糖這個事業,讓父母親每天有一個工作重心得以寄託,也能透過勞動讓身體有運動,比較不會整天只坐在電視前面當沙發馬鈴薯,有運動的身體總是比較硬朗。

而大家購買後對於腰果脆糖讚不絕口的讚美，更是讓父母親開心，與增加肯定自我存在的價值感，而且也能在退休之後持續有現金流進來，那份自己仍有用的自我肯定，我覺得是最重要的禮物。

只是長輩在製作時，自己也無法炒太多，這時候我們晚輩就會回去幫忙，無形也增加了家庭合作與情感交流時間。在我看來，這些都是最美好的回憶與寶藏。

所以在這樣的真實例子裡，實踐家庭的一個目標，可以同時完成部分財務與健康等目標，而這種一次可達成多個目標的計畫，這就要特別列在重要且緊急的優先項目當中。

最後一步，讓未來的時間夠用

當完成這份屬於自己訂製的人生計劃時，不要志得意滿，因為這才只是開始，而不是結束。過往有不少學員在制定好目標之後，就覺得自己人生已經完美了。其實我們只是把方向與目標想清楚了，接下來才是拆解目標以及制定行動方案。

要能夠實踐出來的計劃，要能夠做出來的成果，才是有效的時間利用，不然都只是寫得很漂亮的夢想罷了。因此，定期驗收並檢討自己的成果都是必要的，只是不一定每個領域目標都達標，這個成果也可以當作隔一年度計畫的參考指標。

不過，時間管理四象限能夠管理的目標，往往是短期目標，要記得一件事情：千里之行，始於足下。遠大的目標很好，但要從現在的行動開始。

> **如果真的想要達成長遠目標，**
> **現在就要把大石頭放進自己的容器中。**

透過時間的拆解，我們能夠把人生目標拆解成十年以上完成，五至十年完成，三至五年完成，一至三年完成，一年之內完成幾個項目。

之後可以把列出來的項目透過便利貼的方式寫上，並且同時兼顧整體項目與各領域之間的互動性。雖然各位讀者的年紀與職業都不相同，有些人可能剛出社會，有些人已將退休等等，雖然目標不相同，但是讓自己每天展開行動的原則卻沒有變，就是透過計畫與行動，讓自己每天進步一點點，並且平衡過日子。

用拆解分類的方式，將目標逐步由人生目標拆解到一年之內的目標，因為目標太遠大，往往我們都會覺得還有很多時間，現在還不著急，可是往往一晃眼，那些目標也已經迫在眉睫。

因此將任務拆解成一年之內可以做，甚至是當下可以做的區塊，可以增加臨場感與急迫感，而這樣的感覺也會讓我們確實感受到進度的壓力，進而有所行動，這點請務必要多留意。

而有一件事情務必要記得幾件事：

> ⇨ **當我們在設定目標時，彼此之間都是緊密連動。**
> ⇨ **大目標跟小目標之間能夠一環扣一環的。**
> ⇨ **並且從現在就開始放入大目標。**

那麼，你就開始了實現大夢想的拆解步驟了。

拆解圖表

· · · · · · · · · · · · ·

試試看，在下面的圖表中，先設定十年的大目標，然後逐步往回拆解，看看每一個階段應該完成哪些相關目標，最後確定今年要放入時間表的目標是什麼呢？

一年之內 完成	◆ ◆ ◆
一至三年 完成	◆ ◆ ◆
三至五年 完成	◆ ◆ ◆
五至十年 完成	◆ ◆ ◆
十年以上 完成	◆ ◆ ◆

2-3

如何拆解薪水存不到錢的難題？

拆解你的儲蓄計劃，找到可以明確累積存款的行動

出社會後，「錢」一直是我們很多人會關注的難題，不是因為市儈，反而是因為知道工作不容易，也因此更加務實。

在企業內訓時，也總是會有學生反應存不到錢，存不到錢是個事實，只是抱怨存不到錢無法解決問題，而是要找出存不到錢的原因，並且拆解出可以用自己的方法存到錢的步驟。

台塑集團創辦人，也被稱為台灣經營之神的王永慶先生曾經說過一句名言：「你賺的一塊錢不是你的一塊錢，你存的一塊錢才是你的一塊錢。」

但是如果希望儲蓄更多金錢，不只是開源跟節流，而是在理財觀念上要有根本的顛覆。

收入－儲蓄＝支出

過去我們儲蓄的經驗可能是「收入－支出＝儲蓄」，看起來沒問題，但是過往我們設定的儲蓄計畫，就常常因為這個觀念導致半途而廢！為什麼呢？

我們如果用「收入—支出＝儲蓄」這樣的公式來看，看似可以存下錢，但實際執行時，往往會發現突發性的支出太多，結果每個月儲蓄金額不固定，到最後儲蓄計畫不了了之，每個月依然是月光族，我自己過往也有這樣的經歷。

這時候，需要一個觀念的翻轉，後來我調整成「收入—儲蓄＝支出」這樣的觀念，發現對我自己來說收穫很大。

通常薪資收入會在月初領到，這時候請先透過自動轉帳，立刻把儲蓄金額轉帳到自己儲蓄帳戶當中，每個月先儲蓄一萬，一年累積起來就是十二萬。五年就是六十萬元。會發現離五年存款兩百萬元已經達成 30%。

所以每個月先強迫自己儲蓄是非常重要的關鍵。

這時候，有些人就會有以下抱怨：

「我薪水很低，每個月付完基本開銷就不太夠了，哪還有可能儲蓄？」

「這個社會沒有希望，幹嘛要存錢？每天過得開心比較重要！」。

我只是想談一個觀念：那就是人會老，年紀大時體力一定不如年輕人。如果現在不儲蓄，一直仰賴自己身強體壯，總有一天會發現，自己無法再做年輕時工作的強度，因而收入會減少，就必須動用年輕時打拼下來的儲蓄過生活，有儲蓄的，相對生活不會受到太多的影響。而且回顧檢視自己過去的生活，其實會發現少花費那些錢存起來，其實我們的日常生活也沒有變得比較差。所以，請先強迫自己儲蓄吧！

拆解出儲蓄目標

而當強迫自己儲蓄之後，就會馬上發現一個事實：那就是可以支配的金額瞬間變少了！

因為可以支配的金額瞬間變少，但又希望能夠維持類似過往的生活，就只能透過拆解，從兩個面向著手：開源與節流，以下將就這兩個面向，提出相關的解決方案。

> **很多人把開源當作增加首要之務，
> 其實節流才是當務之急。**

節流並不等於不花錢，總是要照顧到自己的基礎生活起居，這些都是需要花費的。節流是要我們把有限的錢，花在真正需要用錢的地方，像是花在對自身的投資，或是為將來的開源做準備。

所以，我的建議是先做好節流，之後再在開源上下功夫。

那要怎麼開始呢？先從記帳開始，把自己的花費都記錄下來為先，起碼要先知道自己的錢都花到哪裡去了，之後才有辦法節省下來。

當你把所有的花費都記錄下來之後，就要問問自己一個問題：我這些花費是滿足我的生活需要，還是滿足我的想要呢？通常在這一關先把需要的列出來，想要的都先剔除掉。

只是你可能會發現一件事，那就是這些需要只滿足了最基本的生活支出，有些人會形容這樣的開支是苦行僧式的省錢法，所以這樣做也無法持久。要省錢，但也不能省過頭，我就有看過學生為了存

錢買遊戲，每天中午只吃麵包配白開水半年，這樣吃身體早就壞掉了，仍要均衡飲食為佳。

要能夠在節流上持久，也不能讓自己過苦行僧的苦哈哈日子，所以當中拿捏就很關鍵。所以原則是滿足基本的生活所需，其他的能免則免。

這時候，還記得前一篇提到的拆解目標圖表嗎？我們也可以利用它來拆解自己的儲蓄目標。

一年之內 完成	◆ ◆ ◆
一至三年 完成	◆ ◆ ◆
三至五年 完成	◆ ◆ ◆
五至十年 完成	◆ ◆ ◆
十年以上 完成	◆ ◆ ◆

舉例來說，若我們寫五年希望買一棟總價一千五百萬新台幣的房子，總計坪數 30 坪，室內坪數 20 坪，貸款七成。我就要思考五年內如何存款達到四百五十萬，依照目前現有存款是兩百五十萬元來看，等於我還有兩百萬的差距，平均來說一年要存款四十萬元，這是一筆負擔不小的數字。如果目標已經確認不變動，接下來就要思考是我們要如何透過小目標的達成來累積大目標的完成。

先把具體的儲蓄目標確定，然後我們才能拆解可以實際執行的步驟。

拆解出「節流」的三種可能性

以上面這個案例，我透過拆解的方式，提供節流三招給大家參考。

拆解出「節流」的三種可能性

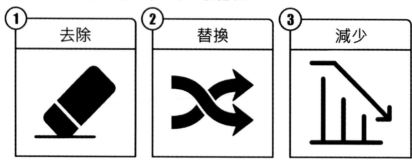

去除：

就是把這個花費直接去除，也就是不進行這樣的消費。

像是我身邊很多朋友每天都要來一杯咖啡，有的則更加誇張，一天兩杯星巴克才會感到滿足，一杯星巴克算 120 元就好，也就是一天需要花費 240 元在咖啡上。一週工作五天，一週就要花費 1,200 元。一個月算工作四週就好，一個月光花在咖啡就接近 5,000 元，簡單換算一年 60,000 元，五年下來就是 300,000 元。

也就是說，光五年節省咖啡的錢，就已經佔了存款目標的 15%，實在是非常驚人。這還只是咖啡而已，還不包含其他花費，或許可從中節省找出更多筆可以直接去除的費用。

替換：

若覺得直接把咖啡從生活中去除，人生會少了很多樂趣，我們可保留喝咖啡習慣，但可能不是天天喝星巴克，而是改喝 CAMA 或是路易莎咖啡，一杯單價直接從 120 元降為 60 元。

如果一天依然用兩杯咖啡來計算的話，這樣一天花費 120 元，比原來都喝星巴克的費用節省一半。依照這樣邏輯推估，一週就節省 600 元，一個月就節省 2,400 元，一年就是 28,800 元，五年節省下來的花費就是 144,000 元，也佔了 7.2%，也是一筆不小的金額。

減少：

如果咖啡一定要喝星巴克，但卻又想要省錢，那就用拆解的方式逐步減少星巴克消費的次數，我拆解幾個階段：

第一階段：從一天兩杯減少為一天一杯，這樣一天就省下 120 元，

累積起來跟換喝 CAMA 或是路易莎差不多的錢。

第二階段：讓自己準備一個透明存錢筒，把每天剩下來的咖啡錢都丟進去這存錢筒當中，聽到零錢進存錢筒的聲音也是一種幸福，並在自己想要喝咖啡時告訴自己：雖然現在我無法喝咖啡，只要忍耐一下，明天就可以喝到咖啡了，這時候當明天喝到咖啡時，就會覺得這杯咖啡特別香醇，特別好喝。再者，也讓自己想像遠大目標達成的畫面，也可以想想看我如果能夠少喝一杯咖啡，而能夠讓自己離買房子的目標更進一步，也就是能夠坐在屬於自己的房子當中品嚐咖啡，一定是更棒的滋味。

第三階段：兩天喝一杯改成三至五天喝一杯，我們不一定要完全禁止自己花錢，我通常大概只會調整節流到一定程度就停止，大概會留下原來的 20% 開支，要一次到位不容易，也不符合人性。我透過這樣積極思考調整心態，不是看每天喝咖啡到現在五天喝一次的被剝奪感，而是反過來思考，從「完全去除」到「還有 20% 保留」，這樣剩下的 20% 開支讓自己覺得有被犒賞，也更會積極與感恩有咖啡可以喝，我實驗下來，覺得這樣的咖啡比原來的更好喝。

"
透過反向拆解，從被剝奪的去除，
反向思考為被獎勵的犒賞。
"

拆解出開源的簡單方法

有些人覺得自己開源不容易，其實也沒有這麼困難，因為很多人只是把工作做完，但是沒有把工作做好。

因此，從主管的角度來檢視自己的工作是否做好。可以請教主管自己目前有什麼地方可以更加精進，通常主管遇到這樣積極進取的部屬，都會印象深刻，因為不是每一個人都是如此積極主動。

而主動積極是第一步，用主管角度來刻意練習思維更是關鍵。

也就是說，當遇到這個問題時：

⇨ **主管會怎麼思考？**
⇨ **主管會怎麼行動？**
⇨ **當我這樣思考的時候，主管會給予我什麼樣的建議？**
⇨ **以及接下來會採取哪種行動方案？**

透過自己的練習加上主管的回饋，會發現自己的思維模式逐漸來到了主管的高度。

之後透過專案與相關經驗累積逐漸成熟，會讓自己完成任務的機率跟品質都有一定程度的提升，之後往往會被賦予更多的任務，專心做好自己的事，新的職稱與薪資提升指日可待。

拆解圖表

. . . .

演練一下，透過具體的拆解，找出生活中還有哪些可以節省的費用呢？

收入	支出									儲蓄
	誤餐費	房租	投資	基金	水電瓦斯	交通	通訊	休閒	教育	

2-4

如何拆解斜槓時代的職業選擇？

斜槓不是樣樣都會，樣樣不精通，而是專注於自己的追求卓越

最近兩年，「斜槓」一詞成為熱門名詞，不知道你對這個名詞有什麼樣的理解與定義呢？

我自己在《斜槓青年》一書的閱讀當中，體驗最深刻的是，了解到：「經驗法則已不再適用」這件事。

> 這是一個沒有法則的時代，必須依靠自己的探索和全新的嘗試，來建立這個「沒有過往模式」的世界新規則。

這時候，我們要依靠的或許不再是過去別人怎麼做的經驗，而是要學會「自己解決新問題」，這正是這本「拆解問題的技術」一書的出發點，這是一個我們必須先學會自己解決新問題的時代。

拆解你的職業選擇

現在的工作模式變化，以及可以採取的職業組合，全部都越來越多樣，《斜槓青年》這本書，把工作組合模式整理拆解成五種類型，頗值得我們借鏡參考：

> ⇨ 穩定收入＋興趣愛好組合
> ⇨ 左腦＋右腦組合
> ⇨ 大腦＋身體組合
> ⇨ 寫作＋教學＋演講＋顧問組合
> ⇨ 一項工作多項職能型

不知道大家看到這樣的工作組合分類後，有什麼樣的啟發？

這五種項目內容，對我來說都是「戰略」，是我如何拆解自己的天賦與愛好，找到自己可以安身立命的工作模式的「戰略」。

以前我們的戰略很簡單，就是找一個工作，然後好好發展。

但現在這樣的工作模式可能行不通了，於是我們就要重新拆解，那可以如何拆解更多樣化的工作模式呢？斜槓就給了我們一個拆解的基本。

只是我有一個小小提醒，不是做很多工作才叫斜槓，那叫做兼職。

依照我跟身邊各領域的頂尖好手討論研究過：

" *能夠斜槓的人物都是「先有」自己的一技之長。* **"**

也就是在單一領域已經很突出的人，能夠吸引到其他領域的朋友邀請跨界，這樣的斜槓才更有效率地累積。

拆解達成職業選擇的方法

但是戰略是一回事，如何達成戰略更關鍵。

那我要怎麼做才能夠完成自己選擇的戰略呢？需要的就是戰術跟執行力。戰略設定目標，而戰術就要去拆解目標，把它化為實際的行動，這又是下一個階段的拆解。

因此，而我會建議各位拆解出自己適合的工作目標後，繼續拆解行動方案。可以先把目標與行動方案的重點放在一年之內可以完成的項目當中。選定戰略之後，問自己幾個問題：

⇨ 我該做哪些事情能夠更靠近這目標？

⇨ 我如何做能夠更靠近這目標？

⇨ 我需要哪些資源能夠更靠近這目標？

⇨ 在執行方案當中有沒有什麼阻礙？風險？

⇨ 我該如何排除這些阻礙與風險？

把執行方案跟行動路徑都思考清楚之後，會發現自己思維也更加清晰，接下來就是快速行動把成果執行產出。

我的拆解職業選擇範例

舉例來說，像我選擇的是「寫作＋教學＋演講＋顧問組合」。

因為我目前的角色是講師，主要的收入來源是講課收入，所以如果能夠拓展自己的寫作與顧問角色領域，都是多元化自己營收的戰略。

> **而這這幾項職業選擇與行動，彼此之間都會「相關聯」，可以有加乘作用。**

像是：

> ⇨ **可以透過演講來增加書的銷售量。**
> ⇨ **可以透過書的銷售量來增加新的客戶。**
> ⇨ **也可以透過顧問案來增加書的銷售與課程的帶動。**

這就是所謂的加乘效果。

如何選擇你的斜槓？

而每個人所從事的產業各不相同，可以向目前所屬產業中的領袖標竿人物看齊，仔細看看這些標竿人物是屬於上面五種的哪一種，以這樣的標竿人物為典範來分析。之後加以模仿，三五年之後，你會驚訝地發現自己驚人的成長。

而這樣的自我成長也會帶動更多的機會與更寬廣的視野，薪資的成長也就成為了必然的結果。

這時候我覺得應該要再提一個很重要的觀念，也就是在《刻意練習》一書當中提到的：

" *投注足夠時間以正確方式練習，*

才能有所進步。 **"**

　　所謂「斜槓」，不是什麼都玩一點，什麼都不專精，要能在多領域都有所成就，那麼每一個領域都要投注時間並正確練習，或是要讓領域之間有關連。

如何發展你的斜槓？

　　那麼，要如何讓自己的斜槓卓越呢？

　　無論是哪個領域，改善表現最有效的方法，其實都源自同一套通用原則：「刻意練習」。一般練習法讓你學會，刻意練習讓你卓越。

　　任何領域最有效且最有用的練習方式，是藉由掌控大腦與身體的適應力，一步步創造出之前不可能擁有的能力。有目標的練習其實還不夠，更重要是發展出能避免短期記憶限制，並同時有效處理大量資訊的心智結構。

　　在《刻意練習》一書當中提到，能夠有所成就的刻意練習有四個特質：

> ⇨ **明確的目標。**
> ⇨ **講求專注。**
> ⇨ **意見回饋。**
> ⇨ **跨出舒適圈。**

在書的前面，我有提到要主動以主管思維來鍛鍊工作模式，就是結合這四個要素的一種練習拆解，也是進步的最快模式。

而這也連結到我最近讀到的一本經典著作《人生的長尾效應─25、35、45 的生涯落點》，書中的實際作法跟思維模式非常適合職場人士。我在前面篇章也有提到過，書中透過三階段架構我們的職涯發展，每個階段都是息息相關的，分別是厚植實力 (第一階段) → 大展身手 (第二階段) → 投資傳承 (第三階段)。

這其實也是個發展斜槓職業，刻意練習技能的拆解模塊。

在我的觀點當中，這三個階段看似容易，其實需要做的準備功夫真的很多。而最重要的區塊是「厚植實力」。

怎麼說呢？基礎功打得穩固，才能夠應對迎面而來的挑戰與機會。

> **有實力的人遇到機會就會往上，
> 沒實力遇到機會也只能錯過。**

簡單來說，沒有修好的功課會不斷出現，直到修煉完成，你才能真正晉升下一個階段。所以厚植實力才是重點。

即使是職場人士也能發展斜槓

斜槓也並非只是年輕人、創業者或專業人士的專利，一般職場人士同樣可以在既有的工作上發展斜槓。

有一點要提醒大家：不要以公司目前的任務完成就滿足，要思考

看看這個產業五年之後如何變動，如果是我，該做什麼樣的準備？

因為近年來科技日新月異，連許多知名的企業，也可能一夕之間把台灣全部的業務單位給結束，現在這個時代已經不像我們父執輩的年代，能夠一份工作做到退休。

持續學習，不再是個口號，而是已經來到的必然問題與挑戰。

我很認同程天縱先生的一句話：如果明天的我可以「被改善」，那麼今天的我就沒有什麼值得驕傲的。

努力地厚植實力吧！當自己的實力已經厚植，你會發現機會如雨後春筍般冒出來，多到你來挑選不完，這也是前面在講存錢時，我所謂「開源」的拆解方法。

2-5

如何拆解新職場難事並展現自我價值？

拆解真正可解決的問題，設定真正算解決的指標，
問題才能被解決

人一生會在幾個地方花非常多的時間：家庭、學校、職場。

大概在上小學之前，我們最常接觸的人就是爺爺、奶奶、父母親與兄弟姊妹居多。之後到了學校體系，至少也要到 22-24 歲這段時間，比較多的時間佔比都是跟學校教授與同學相處。畢業之後出社會到職場，將從 22 歲至退休，是一般人一輩子待最久的地方。

常聽到剛出社會的新鮮人抱怨，怎麼職場跟學校差這麼多，職場有這麼多倒楣事跟問題要面對之類的話題。當你有類似的問題時：恭喜你，這正是職場的縮影！你會覺得自己遇到這麼多鳥事還要恭喜你，有沒有搞錯？那我就要再說一次：恭喜你！是的！你沒有聽錯！

> **因為我們遇到的困難挑戰，甚至遇到的鳥事，**
> **可能都是我們可以表現自己，**
> **獲得認同的好機會。**

重點就是，我們遇到問題時並非只是抱怨，也不只是默默完成，而是能拆解問題，展現自己能力。

能解決問題，就是職場交換價值的關鍵

我就在思考，我是何時養成這樣想法的呢？

這就要從我剛出社會時的第一份工作談起。那時候自己剛從台大畢業，因為知道自己想要到國外念 MBA，但是要申請國外 MBA 都需要至少三年以上的工作經驗，為了能夠符合這個標準，決定進入了管理顧問公司服務，起薪兩萬二，也就是俗稱的 22K。

那時領的這份薪水確實不多，因為當初很排斥業務工作，決定往內勤發展，因公司屬於中小企業，簡單來說除了工作內容是屬於行政，在工作上也不容易。而工作的薪水扣除掉房租與餐飲費用所剩無幾。

那時年輕也沒有做太多想法，只想著如何趕緊把工作做好，曾經一週一百個小時的工作時數，但過程中我並不以為苦，自己還挺樂在工作之中。後來發現自己的吃苦耐勞習慣，是在剛出社會這幾年當中逐漸養成，這也是我覺得很棒的禮物。

但光是可以吃苦耐勞，在現在社會中並不保證薪水可以持續成長。

因為自己花的時間比較多，總是想說有沒有可以改善的空間，我就用了很多方法嘗試，我非常感謝自己的前老闆楊智為老師，願意給我舞台發揮，讓我很多機會可以有新嘗試與新做法。這樣的創新，也讓我的薪資每兩三個月就被調整一次。

兩年內，我的薪資已經超過 40K，那年我 23 歲。雖然 40K 在現

在社會來說依然不是一個太多的薪水，但對當時年輕的我，是對於我工作產出非常正面的肯定。

當時候整個工作過程中，雖然也遇到很多鳥事，我也會挫折，也會抱怨，只是抱怨完了，依然要調整好心情把事情給處理完。因為只有抱怨，是無法解決事情的。

職場有很多問題待解決，有很多鳥事要面對，這是事實，但是也正因為如此，更是給我們機會大展身手，如果能夠把這些鳥事跟麻煩事全部都解決，一是表示我們展現了自己的價值，對得起領的這份薪水。二是表示我們自己也逐漸成熟了。

> **而我們工作就是要解決問題，並從解決問題當中得到報酬與成就感，這也是我們一般人獲得薪酬的對價關係。**

拆解職場難事的三階段

以我自己為例，我自己過往工作內容並不輕鬆，有些往往很挑戰的工作或是很倒楣的事情會到我身上來。

當時候覺得心裏很苦，只是走過並跨越那些難關後，有一天突然發現，這些過往不好的事情，都成為我成長很好的養份，至今我是非常感激的。在經歷這麼多事情之後，我發現自己會逐漸熟悉，發現事情有個脈絡可循，自己也從中摸索出一些規則，並參照閱讀跟網路搜尋資源而來的各種學習，也讓相關問題大多能圓滿順利解決。

說到解決問題，剛好在美國就讀霍特國際商學院所受的訓練，就是類似麥肯錫的顧問技術，而且坊間有非常多大師級人物撰寫的書籍，也有國際級顧問公司推廣的體系結構，我基本上都有涉略，都覺得很好，因為各門派對於一些內容會有所堅持，我覺得讀者您可以都閱讀看看，並擇一把喜歡的重點內容運用到工作生活上。

而我自己則是用拆解的角度，將問題解決分成三段：問題規劃、目標計畫、反省回饋。

拆解階段一：問題規劃

在問題規劃階段，有一個很重要的關鍵就是要定義：問題是什麼？

我這樣說你一定有聽沒有懂。我最喜歡用知名作家 Simon Sinek 先生所用的黃金圈理論來思考。其結構如下：

Why	
How	
What	

舉個例子，之前跟朋友聊到減肥事宜，因為他看起來很苦惱的樣子。結果發現他最近復胖三公斤，離他年初規劃目標還差八公斤，年底將近，他顯得非常焦慮。

以下是我們的對話：

我說：「為什麼你想要減肥？」

他說：「因為瘦一點比較好看，比較有機會能夠交到女朋友。」

我說：「交到女朋友跟胖瘦無關吧！？」

他說：「我認為有關係，之前那段，就是這樣被分手的。」

我說：「好吧！如果你這樣覺得的話，我先認同你所說的。只是回到減肥這件事上，現在離年底還有近兩個月，你有什麼打算？怎麼做才能夠甩掉這八公斤嗎？」

他說：「這就是我現在苦惱的問題。」

我說：「嗯嗯，那你有想到可以用什麼方法能夠幫助你達成這目標？」

他說：「少吃多運動吧…」

我說：「嗯嗯，那你有訂每週要運動的次數嗎？」

他說：「有機會就多動…」

我說：「如果是這樣的答案，我敢肯定你一定達到不了。」

他說：「為什麼你要這樣觸我霉頭詛咒我？」

我說：「我沒有要觸你霉頭，而是你連每週運動次數都不願意承諾，那是不是沒有時間就不運動了呢？（內心 OS：是的）如果這樣，你現在焦慮落差八公斤是沒有用處的，因為這樣的焦慮並不會讓你的體重變輕，只有運動才會。沒有設定目標，就很難檢視自己做的成果是好是壞。所以請務必要設定一個明確目標，像是一週運動四天，一週五天吃宵夜改成一週一天吃宵夜等等。」

如果用問題規劃的拆解方式，也就是：

⇨ 為什麼我要減肥？我想交女朋友。

⇨ 我想要如何減肥？我想少吃多運動。

⇨ 我要做到什麼目標？一週運動四天，只吃一天宵夜。

拆解階段二：目標計畫

延續前面的例子，我建議對方，目標要依照 SMART 原則填寫。

什麼是 SMART 原則？ SMART 原則主要是用來做目標管理，而目標管理方法則是由管理學大師彼得。杜拉克 (Peter Drucker) 於 1954 年在他的著作《管理實踐》（The Practice of Management）一書中所提出。

SMART 原則是指以下這幾項原則：

⇨ **S 代表具體 (Specific)**
⇨ **M 代表可度量 (Measurable)**
⇨ **A 代表可實現 (Attainable)：避免設立過高或過低的目標**
⇨ **R 代表現實性 (Realistic)：設定的績效指標是實實在在的，可以證明和觀察**
⇨ **T 代表有時限 (Time bound)：注重完成績效指標的特定期限**

> *"當有了明確的目標之後，事情衡量只有兩種結果：達標或未達標，一翻兩瞪眼。"*

當然也可以用達到比例程度來做個衡量。只是我個人覺得如果希望能夠讓自己有所成長與突破，要先暫緩使用比例程度指標，因為腦中可能出現一個聲音「夠了」，當然有進步很好，只是如果你希望自己能夠快速進步，就不能只停留在「夠了」就好。

那一般所謂的問題到底是什麼？當我們設定好目標之後，就要以目標為終點，目前現況為起點，拉一條線彼此連結，中間一定會出現差距，因為如果目標訂太高，差距過大也極難達成，這樣不僅沒有達到目標設定的目的，還有可能大幅度地打擊信心。而如果目標訂太低，你也會覺得沒有太大挑戰性，做事情意興闌珊，結果反而打不到拼命的成果，同樣都十分可惜。

拆解階段三：反省回饋

當目標跟現況有差距出現，這差距就是我們所面臨到，真正需要我們解決的問題。

接下來就要問自己幾個問題：

⇨ 為什麼會有這樣的落差產生？是因為什麼樣的原因？

⇨ 這樣的原因有相對應的解決方案嗎？

⇨ 如果可以解決，那解決方案有哪些？

⇨ 如果無法解決，那有什麼方式脫身？

⇨ 如果要達成這個目標，我需要做哪些事情？

⇨ 如果要達成這個目標，我有哪些方法可以用？

⇨ 如果要達成這個目標，我有多少資源 / 預算 / 時間 / 人力？

⇨ 如果要達成這個目標，中間可能有哪些困難呢？

把問題規劃出來，把目標設定出來，然後仔仔細細從上面每一個問題點著手，就能具體拆解問題，並找出解決辦法。

解決真正可以解決的問題

最後，在問題解決這區塊，還有幾個迷思要注意：

誤以為所有問題都有解決答案！我是不敢如此推論，因為常常看到問題是無解的，像是最近緬甸羅琳雅人的人道問題，教宗跟翁山蘇姬碰面都不願意正式討論。

誤以為所有問題都有無限多種解答？實際上通常都是 2-3 個答案為主，為什麼呢？因為時間寶貴，資源有限，我們只能用最效率的方式來探索解答，通常會有幾個衡量指標來做評估：

⇨ **可行性**
⇨ **資源性**
⇨ **衝擊性**

上述的所有拆解問題流程，不僅幫助我們評估如何解決問題，之後解決方案也可以依照這幾個角度來撰寫，並提供給客戶／主管。

相信客戶與主管看到你能提供這樣的拆解問題思考時，會對你產生不同的評價。

2-6

如何拆解離職創業風險？

沒有成功是常態，一開始就要拆解可以面對的失敗

這幾年，可能大環境讓大家感受到焦慮，有許多好朋友都來找我聊聊，主題都是「職涯轉換」。

A君，36歲，嘉義人，從事金融產業十六年，擔任業務協理，在原公司收入頗豐，因為希望有更大的成長可能性（包含個人價值、社會認同與金錢），率性辭職，創業做平台。

他原本想要在平台事業大顯身手，只是剛好所有最壞情況發生，像是合作夥伴臨陣退縮、資金不到位、擴張太快等等，所幸他一發現苗頭不對，馬上停損。雖然在極短時間之內賠了五六百萬，但沒有讓錢坑繼續擴大下去，這是不幸中的萬幸。

而他也迅速回到消費金融產業擔任主管一職，只是收入遠不如以往，大概只有過去的一半，要求也比過往公司還要嚴格。

這樣的經歷，讓他因此覺得抑鬱不得志。沉潛幾年發覺狀況沒改善，就開始萌生要到中國大陸發展的想法，A君主動來電問我能否碰面聊聊。

一個朋友案例的拆解

我碰面與A君聊，覺得有些好奇與驚訝地請教：「A君，您在原來單位收入明明已居全公司之冠，也位居產業龍頭，輕鬆做，已經年收入超過300萬，怎麼會突然作出創業的舉動？」

A君：「我當初有評估過，未來平台是趨勢，也做了完整規劃，並跟EMBA學長姊與教授討論過，大家都覺得這個模式耳目一新，市場上沒有這樣的產品與服務。評估過後，覺得大有可為，因此提早切入這塊市場。又因為怕自己沒有全心做做不好，因此辭職全力投入。可是結果並不如我所想像，我發現市場還沒準備好，平台營收沒有做起來，但是底下已經養了一批業務部隊，每個月薪資超過五十萬，平台建置也要燒錢，夥伴承諾的資金沒有到位，評估綜合情況，我決定結束營業。我虧了六百萬買一個教訓！」

我說：「那A君您從這次創業中學習到什麼？」

A君：「合作夥伴要慎選，明明簽了合約卻臨時反悔。」

我說：「所以你覺得是合作夥伴的問題而已？除了這個原因還有嗎？」

A君：「當然還有市場還沒起來，但是有往上的趨勢，只是進度遠比我想像中緩慢。但是每個月支出太高，我必須要停損。」

我說：「如果再來一次，你會怎麼做呢？」

A君陷入沈思：「如果再來一次的話，我不會貿然辭職。而是用我太太名義成立公司，業務部隊規模從十人縮減為兩人，辦公室從200坪縮減到30坪。這是因為這次經驗中，我學習到公司重點不在大，而是活得長久。平台繼續燒錢沒有關係，我起碼還有原來的

收入，壓力也不會如此大。再來就是合作夥伴投入不是只看錢，而是要看理念相同與否，不然遇到一定情況就腳底抹油溜走，我還是要收拾爛攤子。」

其實，我是透過誘導詢問，讓 A 君自己「拆解問題」，我們每個人其實也都可以這樣自我拆解。

我說：「A 君真不愧是 Top Sales，分析非常到位！那你現在遇到什麼情況呢？」

A 君：「我停損清算公司後，又回到原來產業任職，只是因為是不同公司，C 君認為我的專業即戰力能夠給他團隊好的影響，邀請我加入，但是說實在的，收入遠不如之前。我就會覺得如果再拼個五年到十年，才能恢復到過往榮景，那我這幾年是不是都沒有成長，反而走了回頭路呢？如果這樣，我何不到中國大陸去拼搏，我們的產業項目在大陸還在起步狀態，相關市場都還在十五年前的榮景，依照組織作法，給我一些時間就能建立起來運作良好的組織運作，到時候收入是現在的十倍以上！」

我說：「你還是沒有回答我的問題，如果你覺得大陸發展很好，過去就好，怎麼還會找我商量呢？」

A 君：「主要是家裡太太有不同想法，她覺得我為了夢想做事太衝動，扣除掉之前該領薪資，到後來賠錢的總額，全部加起來近千萬。雖然生活不會困頓，但是不像之前那樣大開大合地花錢。我覺得內心有愧，不希望太太這麼辛苦，但是又不希望放棄遠大理想，但是我知道自己剛跌了一大跤，需要透過戰績來建立自己的自信心。」

當 A 君來找我聊這件事情，我覺得對他來說其實不容易，這也是需要對我有信任感才會說的對話。後來當然有聊到一些對話跟做

法之後，結束了當天的聚會。

我後來回想一下，這樣的情況也不少人遇到，是不是能夠透過拆解的角度列出來一些原則與思考模式，避免以後朋友決策帶來大起大落的情況呢？

離職創業的基本支持因素

從 A 君的對話，我發覺他當初做了這個創業決定有點衝動，怎麼說呢？首先犯的第一個錯誤就是把創業計畫想得太樂觀，並且太樂觀地執行。

之前在網路上看到一篇報導，指出 90% 的新創公司都會在前三年內倒閉！創業後能夠留在市場上有一席之地，三年是一個很重要的關卡。如果能夠在三年之內存活下來，基本上就有了基礎生存能力。

這跟我們講師生涯也是一樣，當初我毅然決然從事講師工作，也是經歷了 106 天完全沒有任何收入的狀態，之後才逐步穩定，回想起來當初能夠順利轉職，跟以下兩個基本原因有關，讓我為大家逐步拆解。

第一個關鍵因素，家人支持。

爸媽對我從事工作的支持，我到現在極為感謝。不管我希望做或是規劃什麼，只要有我要做的理由，基本上父母親都是支持狀態。雖然當初他們對於我要轉職也有一些不理解，但也是因為擔心我餓著，所以有給予很多支援。

當我們收入豐富時，相對很少會聽到家人抱怨。但是總會出現收入減少的淡季，有時候家人就會擔心是否看不到未來收益，這樣真

的能夠當作職業嗎？這樣的質疑總是會出現，如何跟家人溝通並讓家人放心，是很關鍵的議題。然後也要控制支出費用，才不會入不敷出。

第二個關鍵因素，經濟條件。

當初轉職時做了一個發想，現在也覺得是對的方向，那就是當初還單身，基本上就是所謂的「一人飽，全家飽」狀態，所以在收入還沒有起色之前，我盡量把自己支出降到最低，每餐控制在 80-100 元，其他時間都窩在 K 書跟準備教材，身邊也有一定儲蓄，得以度過沒有太多收入的狀態。

但現在我有了自己的家庭，如果現在要我重新思考講師這個職業，我務必要再三斟酌，畢竟有其他家人需要照顧，身上的擔子已經更重。除非有確切把握，不然不會輕易嘗試。

如何才是有把握的創業？

那我要怎麼才能確認我有把握與否？

我有聽過有三成把握就出手，也看過有朋友四成把握就往前衝，也聽過別人說他要九成把握才試探，你會發現搜集越多資料看到更多案例，一定就會看到不管勝率如何，總是會有成功與失敗的案例。

" *而且你去詢問越多人，沒有自己拆解，一定會發覺越難做決定。* **"**

那為什麼會很難做決定呢？因為你聽到的都是對方的故事，而且往往不能把他人相關案例的模式，放到我們自己目前的情況，那會很像用蘋果比橘子般難以比較起。

而且依照幾成把握這種事情來計算，其實心裡面評估還是依靠直覺感覺再做決定，往往我們也都會高估了自己的勝算。

> **我的確保方式是：做規劃要想最樂觀的景況，做決策要做最悲觀的情況。**

這樣可以避免自己把創業想得太過美好！畢竟，能否創業成功不是我們說了算，而是市場與客戶是否接受，也就是市場說了算。這樣思考過後，就不會一直以為自己創業者的觀點最重要，而是會稍微調整去跟市場接軌。

拆解創意的風險問題

而在計畫創業時要問問自己幾個問題：

⇨ 計畫方案最壞情況是什麼？
⇨ 如果最壞情況發生，我有能力能夠處理嗎？
⇨ 如果最壞情況發生，大概會虧多少錢與賠上多少資產？
⇨ 如果最壞情況發生，會不會嚴重影響到我與家人的生活？
⇨ 如果最壞情況發生，我願意接受停損嗎？
⇨ 如果最壞情況發生，你將會如何做後續因應計畫？

你可以問問看自己這幾個問題，最後一個問題是最難回答的，因為每看到一個問題，腦中就會有很多想法飛奔，開始評估哪些環節可能會出現狀況，因為創業最壞狀況往往會拖垮一家人的經濟，這我周遭朋友也遇過類似案例，所以絕對要設下停損點。

> **設下停損點不是不堅持，而是知道目前我們自己的狀態只能如此，不要過度勉強自己。**

如何面對創業失敗？

創業失敗並不丟臉，丟臉的是怕自己不願意低頭，尋找其他企業工作來養精蓄銳，等待下次蓄勢待發的機會。

只是回去企業工作時，有一件事情要特別注意：那就是需要調適好自己的心態。

怎麼說呢？剛創業失敗時，會對自我信心有不小打擊，可能開始會對自己的判斷有所動搖。以及對自己回去職場工作領薪水有些抗拒，這件事情我有深刻感觸。

當初剛出來擔任講師時，有一餐沒一餐，看似風光，實則飢腸轆轆，後來有了長輩與朋友介紹，因緣俱足地進入上市公司服務，自由業當久了，又進去組織當中工作，面對許多公司裡的規範，我承認自己有很多需要適應與調整的空間，會覺得明明不懂的人為何要做這麼麻煩的事，這件事情我是專業的，為什麼不聽我的？我以前怎樣怎樣，現在為什麼要這樣。

回到企業組織任職，這樣的內在情緒，一定要自己能夠覺察，並且排除這樣的情緒！

我後來發覺最重要是心態上克服就是要禁止自己講三個字，那就是「我以前」。說實在的，過去我並不覺得講「我以前」這三個字有什麼不妥，直到後來遇到Ａ君之後，我才深刻感受到原來自己以前，也是心理意識狀態有多麼抗拒回去職場任職。

為什麼我會覺得這麼嚴重呢？你想想看這樣的情況，當你回公司任職時，主管提出一個新方案，詢問你意見想法，你看到之後出現不以為然的狀態，又不便於會議中展現反對想法時，就讓方案如此執行。

但是卻在會議之後有所抱怨，於是會把「我以前…」掛在嘴邊。剛開始，夥伴同事會聽聽，但是聽久了之後，會覺得你不就是過往作法運作並不那麼成功，所以創業才會失敗，如果一直執意過去的做法比較好，那表示內心鄙視甚至抗拒目前作法，那請問又該如何融入群體跟學習新事物與新觀點呢？這件事情請務必要留意！

在做創業評估時，我自己謹記爺爺過世留下的兩句話：「不為人作保，不借本票給人。」這就是家中長輩沒有做好財務規劃時的後果，家中祖產本來十分豐厚，因為爺爺為人作保而賣地賠款，還好在經過父母親的辛苦打拼，我們家衣食無虞，但這件事我依然牢記在心中。

也同時跟我創業的朋友分享七個字：「不傷根就不傷身！」這句話有意思的在於：

> **當我們在做創業規劃時，**
> **一定要先思考到沒有成就時怎麼辦！**

沒有成功是常態，但是沒有成功也不要影響到目前的狀態，這樣跨出舒適圈才是比較有保障的！

創業風險如何考量

① 最樂觀心情期待 最悲觀情況準備	② 創業失敗不丟臉 怕自己不願低頭	③ 不傷根就不傷身
◆ 計畫方案最壞情況是什麼？ ◆ 如果最壞的情況發生，我有能力能夠處理嗎？ ◆ 如果最壞的情況發生，大概會賠上多少資產？ ◆ 如果最壞的情況發生，會不會嚴重影響到我與家人的生活？ ◆ 如果最壞的情況發生，我願意接受停損嗎？ ◆ 如果最壞的情況發生，你將會如何做後續因應計畫？	◆ 少講我以前....：當你的人生最輝煌的階段只停留在過去，又怎麼夠在未來再創高峰？	◆ 不為人作保 ◆ 不借本票給人 ◆ 留得青山在，不怕沒柴燒

第
·
三
·
章

拆解專案難題

3-1

如何拆解一個全新的專案規劃？

拆解專案的目標、限制、可能做法，才能避免專案失誤

專案管理是我進職場所鍛鍊的專業之一，但我做專案也不是一開始就上手，也是跌跌撞撞學習許多經驗，一路走過來慢慢成長的。

而專案規劃本身，其實也是這樣的道理，因為我不知道自己的規劃是否足夠完善，往往需要跟前輩請益。而我永遠記得前輩告誡我的一句話：

> **「沒有做好專案規劃，難以做好專案執行。」**

沒有想清楚的規劃，後面往往會有高昂代價，所以一開始就想清楚，執行才不會手忙腳亂。那要怎麼開始呢？

要有「這是我的專案」的在乎

不管是不是自己要為這個專案負全責，請都當作是自己的專案在處理。

因為就算現在只負責一小部分，只是大專案當中的一顆小螺絲釘，但當我們因為在乎而花時間把這專案任務了解透徹，像是：

⇨ **為什麼這樣做？**
⇨ **該怎麼做？**
⇨ **耗費多少成本？**
⇨ **將來要達到何種目的？**

拆解這些必要項目，會發現自己慢慢開始擁有專案領導者的思維。

> " *技巧容易養成，思維不易建立，*
> *好的思維讓自己更容易被看見。* "

因為只有當自己把新任務摸索清楚，這樣才能真正掌握主導權。我相信只有成為好的被領導者，未來才有機會成為好的領導者。

如此認真看待自己任務，當未來機會來臨時，我們已經準備好成為專案領導者！有了過往相關經驗累積，未來帶領的專案任務時部屬才能夠信服，同時要清楚在「想要完成的目標底下，我們究竟有什麼資源？」，才不會造成「雷聲大雨點小」的效果，這樣虎頭蛇尾的任務往往都會不了了之。

5W2H：徹底瞭解專案內容

那要如何開始拆解任務呢？舉個例子，假設我們目前需要撰寫一本書，要怎麼開始規劃這本書呢？事先想書名嗎？找推薦者？都不是。

首先，依然是要問一個問題：這本書要解決什麼樣的問題？

當問題確認之後，才會開始撰寫書籍綱要與內容補充等細節，之後撰寫內容才補上書名跟序，這是我所知道書籍的編輯模式，只要能夠依循這樣模式，都能夠讓自己少走一些冤枉路，而這也是拆解技術帶來的好處。

而這邊我要導入專案管理的概念。專案管理是項能力統合的技能，專案管理能夠學得好，不只職場發展更順利，連帶下班後的生活品質也能做更妥善的規劃。所以說，專案管理就是拆解的典範體現！那要如何拆解呢？可用 5W2H 法。

什麼是 5W2H 法呢？

相傳 5W2H 法是在第二世界大戰中美國陸軍兵器修理部首創。簡單、方便，易於理解、方便使用，又富有啟發意義，廣泛用於企業管理和技術活動，對於決策和執行性的活動措施也非常有幫助，有助於彌補考慮問題時的各種疏漏。

> **依照我過去做專案的經驗，**
> **往往腦筋會被舊有的慣性牽絆著，**
> **所以需要思考模式工具的幫助。**

所以如果能夠有一個工具讓我們能夠模擬，就能夠在紙上構思出更多的可能性。這也是透過 5W2H 法問自己問題，就能夠得到相對應的答案的原因。

而 5W2H 法內容如下：

⇨ **Why—為什麼要做這個專案？原因是什麼？過往發生了什麼？**

⇨ **What—這專案想要達成什麼目標？目的為何？需要完成哪些任務與工作？需要做到什麼程度？產出又是什麼？**

⇨ **Who—這專案要由哪些人 / 團隊來執行？誰來負責？誰來溝通？利害關係人有哪些？哪些人要溝通？**

⇨ **When—專案截止期限是？里程碑時間？什麼時機最適宜？檢核點時間？**

⇨ **Where—這專案實施的範圍是？在哪裡做？從哪裡入手？**

⇨ **How—這個專案預計如何進行？檢核標準是？如何實施？方法怎樣？**

⇨ **How much—這專案有多少資源？有多少預算？質量標準為何？**

一切的複雜都源自於簡單，簡單方法構思清楚，讓我們短時間有了基本架構與雛型。

透過 5W2H 法，主要可以檢查自己對專案是否考慮周詳完善，之後就能夠用更多心力在細節上構思解決方案，讓整個專案完成度與成功率都能上升。

拆解圖表

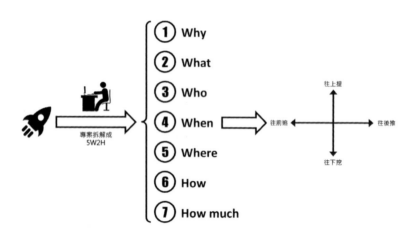

項目	考慮面向
往前追	• **Why**：為什麼會成立這個專案？ • **What**：過往發生了什麼事情？ • **How**：過往有做過類似專案／案例？如何進行？成功或失敗？
往後推	• **What**：這專案希望達成什麼任務？這專案達成的標準？成效？多少時間？專案推行中有什麼風險或阻礙？ • **How**：這專案預計用什麼方式進行？ • **Where**：這專案實施的範圍是？在哪裡做？從哪裡入手？ • **When**：專案要在期限是？什麼時機最適宜？檢核點時間？

項目	考慮面向
往上提	• **Who**：專案有誰支持？為什麼？ • **Who**：專案有誰反對？為什麼？ • **Impact**：專案對公司 / 部門 / 個人有什麼影響？
往下挖	• 風險評估：這專案達成問題就能夠解決嗎？ • 風險評估：如果不能，還有哪些問題需要釐清跟排除？ • **How much**：如果能，這樣要花費多少資源？有多少預算？質量標準為何？

當我們用以上這樣的結構，把專案拆解並把重點寫下，我們就能夠快速掌握這次專案要解決問題的核心。

這是非常好用的一個方式，然後我們也可以根據 5W2H 法掌握這個專案的限制，像是資源有多少、期限何時、有多少時間可以完成、用什麼方法完成等等，之後就可以根據這些資料來做後續行動方案的規劃與拆解。

這區塊想得越透徹，未來專案執行依照計畫的比例就越高，專案成功機率也就會越高。

拆解問題小活動

·····················

	實作演練
往前追	• **Why**：為什麼會成立這個專案？ _____ • **What**：過往發生了什麼事情？ _____ • **How**：過往有做過類似專案 / 案例？如何進行？成功或失敗？ _____
往後推	• **at**：這專案希望達成什麼任務？這專案達成的標準？ _____ • 成效？多少時間？專案推行中有什麼風險或阻礙？ _____ • **How**：這專案預計用什麼方式進行？ _____ • **Where**：這專案實施的範圍是？在哪裡做？從哪裡入手？ _____ • **When**：專案要在期限是？什麼時機最適宜？檢核點時間？ _____

往上提	• **Who**：專案有誰支持？為什麼？ ―――――――――――――― • **Who**：專案有誰反對？為什麼？ ―――――――――――――― • **Impact**：專案對公司 / 部門 / 個人有什麼影響？ ――――――――――――――
往下挖	• **Impact**：專案對公司 / 部門 / 個人有什麼影響？ ―――――――――――――― • 風險評估：如果不能，還有哪些問題需要釐清跟排除？ ―――――――――――――― • **How much**：如果能，這樣要花費多少資源？有多少預算？質量標準為何？ ――――――――――――――

3-2

如何拆解專案時程安排？

預估專案時間，唯有先拆解專案里程碑

時間的資源有限，這永遠是職場工作者最頭痛的難題。

要把所有事情都完成是不可能的任務，尤其在有限的時間裡，很難把所有任務一一排上時程，但是，我們卻可把最關鍵的事情做好！

作為職場工作者都需要拆解的技術，因為只有拆解能了解任務優先順序，也才能排出事情輕重緩急，幫助我們梳理混亂思緒，看到事情本質，也才能夠做出正確決斷與行動，進而解決問題。

拆解任務：專案、里程碑、工作包

拆解專案任務才能善用有限的時間資源。

專案要推進，勢必要有行動進度，要管理行動進度就是把任務拆解，依照專案角度可以拆解成三個階層方便我們管理，分別是：

⇨ 專案
⇨ 里程碑
⇨ 工作包

專案當中的 (Milestone) 里程碑，指的是專案的重要事件，是主要（重要）的是交付物的完成確認點。

而有時候會遇到一種情況，也應該說會常常遇到，那就是專案很龐大，進而導致里程碑太大且太多，那該怎麼辦呢？這時候，我們就需要把里程碑繼續拆解。

舉例來說，假設我們接到一個專案，這個專案有個里程碑像是「績效平台上線測試」，基本上就是一個大工程，是一個大里程碑。在這個大里程碑底下，還可以繼續拆解成下面這些環節：我們需要邀請同仁認領工作，然後把每一個環節功能都測試過，確保系統都能順利運作，或是檢查系統運作中是否仍存在相關的錯誤，並且把錯誤記錄下來，之後讓廠商與工程師做後續的修改！

這些任務通常無法在短時間之內完成，所以就可以拆解工作任務到足以在兩週之內完成的小項目，這在專案管理裡面定義為：「工作分解結構 (Work Breakdown Structure)」，一般來說是專案最底層的可交付成果。

這樣的例子我就曾經遇過，之前我於企業任職，部門接到績效平台導入新專案，我們所負責是做績效平台測試，與製作訓練教材，並舉辦訓練以確保同仁都能夠確實操作，這樣績效考核才能如期完成。

所以我們這專案有三個里程碑，分別是：

⇨ **績效平台測試**
⇨ **訓練教材**
⇨ **舉辦訓練課程**

也就是說，這三個里程碑都必須達成，我們的專案才算達標！

拆解問題小活動

· ·

實作活動：拆解任務的里程碑 請問完成這任務需要完成哪些事項？（請依照時間順序排列）			
專案內容	里程碑	工作包 (WBS)	所需時間（天數）

里程碑注重的是「可交付的成果」

而專案里程碑不是只有列出大項目而已，里程碑還必須要有「交付成果」，而非只是活動或過程。

> **交付成果就是完成這個里程碑之後會產出的成果。**

依照我們上述的三個里程碑，分別要交付的成果是：

⇨ **平台測試報告**
⇨ **績效平台教育訓練教材**
⇨ **教育訓練完成場次數量與涵蓋人數**

這些都是重要里程碑的產出成果。

也可以理解為一個作業的完成，永遠是一個個里程碑所累積出來的。

> **而對於里程碑狀態稽核只能有兩種情況：「完成」或是「未完成」。**

如果標示完成，那就是這個區塊已經完成並搞定，我們就可以把更多的心力放到尚未完成的里程碑當中，可以用這樣的方式來做自己的專注力與能量管理。

所以里程碑的完成請記得，沒有完成程度的問題，只有 100% 完成或是尚未 100% 完成兩種！

專案要拆解到什麼程度？

而我發覺有件事很重要，那就是要拆解到「足以產生行動推進目標」就好。

基本上就是拆解到做完工作分解結構中的任務會有相對應的產出，不管是文件、實際成績、進度等等。

我有一個很簡單的作法，那就是拆解完之後，問問看專案主要負責人，我這樣條列出來照表操課，可以推動嗎？如果拆解不夠細，你會察覺專案主要負責人會關心並多問很多細節內容，那時候就要知道拆解的還不夠細膩，可以用這樣的角度來做評估，也是一個方法。

之後專案主要負責人就要蒐集並統合專案所有成員的資訊，然後透過專案會議以確保成員都能有共識，這將成為準則便於大家依循。

補上順序關係與緩衝時間，時程安排更精準

回到時間的議題上，以績效平台專案為例，假設三個里程碑分別需要 15 天，30 天，20 天。請問我要花費多少時間才能完成？

這時候你就會發現，每一個夥伴寫出來的答案五花八門，有的會寫 30 天，有的則寫 65 天。明明是同一專案的時程評估，為什麼時間差距這麼多？這都跟我們當初在做專案規劃時的設定有關。請您思考一下專案里程碑的順序關係。

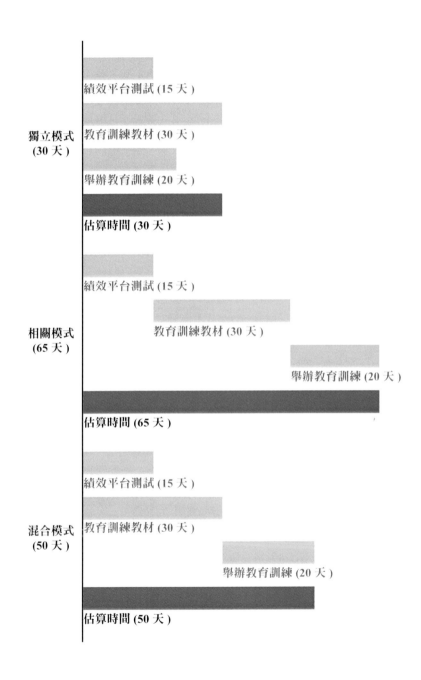

獨立模式
(30 天)

績效平台測試 (15 天)

教育訓練教材 (30 天)

舉辦教育訓練 (20 天)

估算時間 (30 天)

相關模式
(65 天)

績效平台測試 (15 天)

教育訓練教材 (30 天)

舉辦教育訓練 (20 天)

估算時間 (65 天)

混合模式
(50 天)

績效平台測試 (15 天)

教育訓練教材 (30 天)

舉辦教育訓練 (20 天)

估算時間 (50 天)

假如這三個里程碑之間不會因為進度完成與否而阻礙其他里程碑的進行，那我們理論上可以讓所有專案里程碑都同一時間開始。

其中最花時間的是教育訓練教材 30 天，也就是說，如果這樣進行，最快也要 30 天才能夠所有里程碑完成！

假如這三個里程碑之間是有順序關係，需要依序完成的話，預計完成最短時程是 65 天（20 天＋ 30 天＋ 15 天＝ 65 天）。若遇到這情況就務必要確保任務不能有任何失敗，因為只要有個環節耽擱，專案一定無法如期完成，可能會造成後續賠償問題。

一般最常見的是部分獨立、部分相關聯的混合模式。拆解任務時要思考這問題：績效平台測試跟準備教育訓練教材，同時做是否有影響？如果答案是不會，那就表示彼此獨立，可以讓績效平台測試跟準備教育訓練教材同時進行。

而教育訓練教材跟舉辦教育訓練是有明顯順序，也就是說，教育訓練教材沒有準備好，教育訓練品質與交售內容就會被打折扣，這件事情通常客戶／主管是無法接受的。那依照這樣的混合模式來看，時程預計最短時間將會是 50 天 (30 天＋ 20 天＝ 50 天)。所以先把極端值（里程碑完全獨立或是完全相關）抓出來，一般估計時間多會介在兩者之間。

只是有一點要跟大家提醒的是，理論上的推理很符合邏輯，只是實際操作往往會有其他變數產生而讓實際工作時間延長。

通常我們做專案時往往會高估自己的能力，而且會低估預計花費的時間，而且壓專案完成日往往是用推估的，就不得不靠趕工加班完成。

這就說明在規劃專案時程的時候，請務必要考慮以下幾件事：

⇨ **總人力**

⇨ **總工作量**

⇨ **總工時**

⇨ **緩衝時間**

對此，我建議可增加樂觀情況的 10~15% 緩衝時間，來讓自己做專案時更有餘裕。剩下的時程安排拆解，我會在下一篇文章更詳細解釋。

3-3

如何拆解更準確的專案完成日？

要壓專案截止日期時，絕對不能自由心證，
而要有精密拆解計算

　　通常我們常見的時間排程是：從目前的工作量預估，透過數字換算變成時數，然後除以每天專案團隊的總工時，就能夠粗略估計要花多少個工作天（目前週休二日，所以一週只算五天工作天），這樣會得出一個專案完成的日期。

　　但實際上往往我們都是有一個新專案提出來之後，主管往往就希望我們壓出完成的日期！

　　這時候要請大家特別注意，我們剛接到任務時估計時間往往不太準確，因為還在盤算專案工作量的大小，也在測試時數負擔是否我們能夠承擔。這時候用上述方法預估新專案的時間，往往就無法準確。

> ”
> 過去我常看到專案延遲完成，
> 而延遲完成不一定都是專案同仁太混，
> 往往是因為工作量遠大於當初承諾的時間。
> ”

所以，下次有機會遇到這樣的專案，請先別承諾時間，請務必讓主管與客戶知道你會回去仔細規劃，然後再出一個專案的詳細版本，這樣也可以幫自己爭取多一些時間，很多專案失敗往往都是時間太短導致品質不符標準，不全然是專案負責人與專案執行者能力不足。

我之前有看過一個非常有共鳴的影片，就是一個人分別用十分鐘、一分鐘、十秒鐘畫出蜘蛛人的照片，想當然爾十分鐘的一定畫最好，你會發覺連陰影跟背景都畫得很仔細。但是一分鐘的畫法也就只能把蜘蛛人的輪廓畫得比較清楚，連背景跟陰影都沒有時間處理，但仍可以辨識是蜘蛛人。然而十秒鐘的方式看起來就如同未學過素描的同仁畫出來的。但在時間限制之下，我們也只能做到這樣的水準。

所以時程安排是極寶貴的資源，這邊要再次呼籲，請務必要增加最樂觀情況的 10~15% 的時間讓自己有更多的餘裕，心裡跟身體狀態的壓力也會因此減輕。

三種專案時程模式

一般來說專案之間如果拆解成工作分解結構之後，我們接著要做的往往就是要排序，為什麼要排序？

因為要估計花多少時間跟成本，當我們一整包里程碑包裹著，會發現整包里程碑評估的時間誤差較大，因為我們仍尚未深入內容，所以當我們做到工作分解結構時，做每一個工作包的時間掌控與分析都會比估計里程碑時程來得更加精準。

拆解之後，需要的就是要了解工作包彼此之間的因果關係！如果能夠再把彼此的關係網給搞定，那就算是專案新手可以從一個專案

快速學習到專案流程與專案工作包關係帶來的後續影響，這比只是當個執行的小螺絲釘學習成長更多。

前面的績效平台上線專案例子有提到，假設三個里程碑分別需要 15 天、30 天、20 天。請問一下我要花費多少時間才能完成？這時候有三種模式計算。

> ⇨ **可以同時進行：里程碑之間不會因為進度完成與否而阻礙其他里程碑的進行，那我們理論上可以讓所有專案里程碑都同一時間開始。**
> ⇨ **必須接續進行：里程碑之間是有前後關係，也就是說這三個里程碑之間會因為進度完成與否而阻礙其他里程碑的進行。**
> ⇨ **可以混合進行：部分里程碑沒有前後關係是獨立狀態，但是卻有一些里程碑式有前後關係的混合模式。**

一般最常見的是部分里程碑沒有前後關係是獨立狀態，但是卻有一些里程碑式有前後關係的混合模式。

計算專案所需的總時數

只是有一點要跟大家提醒的是，從關係跟時間的角度來看，這樣的推理很合理，只是實際操作之後，你會赫然發現，這樣的時間計算是理論上完美狀態的時間安排，專案實際工作的時間可能更長，這也是我前面建議大家加入增加樂觀情況的 10~15% 的時間。

因為這樣的時間估計並沒有考慮到人力與工作量多寡的限制因素，假設我們把相關里程碑細節透過統一的工作量來換算，一天工

作八小時，乘上所需天數，再乘上所需動員人力，這樣可以算出該里程碑的總工作時數。

拆解圖表

	績效平台測試	教育訓練教材	舉辦教育訓練
估計所需天數	15 天	30 天	20 天
每日工作時數	八小時 / 天	八小時 / 天	八小時 / 天
需要動員人力	20 人	6 人	6 人
里程碑總工作時數（工作量）	2,400 小時	1,440 小時	960 小時

從時程回推專案資源分配

用這樣的算法會突然發現，如果以總工作時數來盤算，會發現績效平台測試是極為重要的里程碑！

為什麼我會這樣判定呢？

請您回想一下學生時期，當我們在念書時是不是有很多科目要念，那我們都要怎麼抓重點呢？是不是頁數多的代表重點多！是的，專案管理也在依循這樣的原則，所以你也可以依照這樣的方式來評估我們要把資源花在哪個層面上，當作資源花費的優先順序。

把人力資源加入時程計算

而當我們知道每個里程碑的總工作量時，我們就會遇到一件讓人很掙扎的事情，那就是我們每個人的時間有限。

這有什麼好掙扎的呢？因為每個人的工作時間有限，假設每個人每天工作八小時，目前該部門有三個人，所以當部門同仁能夠工作的時間限制算進去之後，你會發現專案里程碑預計完成的時間，變得完全跟我們原先的計畫不一樣。

如下圖所示。

拆解圖表

· · · · · · · · · · · ·

	績效平台測試	教育訓練教材	舉辦教育訓練
估計所需天數	15 天	30 天	20 天
每日工作時數	八小時 / 天	八小時 / 天	八小時 / 天
需要動員人力	20 人	6 人	6 人
里程碑總工作時數（工作量）	2,400 小時	1,440 小時	960 小時
部門人力	3 人	3 人	3 人
實際所需天數	100 天 (2,400/(3*8)=100)	60 天 (14,40/(3*8)=60)	40 天 (960/(3*8)=40)

這樣估計起來，在可運用人力的條件限制之下，就算三個里程碑可以同時進行，最快也需要一百天才能完成！更別說是里程碑彼此之間有先後關係的情況，所花費的時間將會更長。

　　這代表什麼意思？

　　通常我們做專案時往往會高估自己的能力，會低估預計花費的時間，而且壓專案完成日往往是用「自由心證」推估的。

　　這樣一來，最後就不得不靠趕工加班完成。這就說明在規劃專案時程的時候，如同前一篇文章所說，請務必要考慮以下幾件事：總人力、總工作量、總工時、緩衝時間等。

3-4

如何拆解團隊合作的專案步驟？

不僅你要學會拆解問題，也要讓團隊有一致的拆解準則

當我們對專案有了計畫，有了時程表，其中你會發現需要一個關鍵的技巧，就是有效的拆解專案任務。

前文提到，在專案當中有所謂的里程碑（Milestone），里程碑指的是專案的重要事件，是主要 (重要) 交付物的完成確認點。

而如果遇到專案很龐大，里程碑也太大且太多，那該怎麼辦呢？我們就需要把里程碑繼續拆解，必須拆解工作任務到足以在兩週之內完成的小項目，這在專案管理裡面定義為：「工作分解結構(Work Breakdown Structure)」，一般來說是專案最底層的可交付成果。

而有工作分解結構有以下幾個好處：

⇨ **防止遺漏專案的交付成果。**
⇨ **建立可量化的交付成果，以便估算工作量和分配工作。**
⇨ **更加精準運用資源，幫助改進時間、成本和資源估計的準確度。**
⇨ **幫助項目團隊的建立和獲得項目人員的承諾。**
⇨ **輔助溝通清晰的工作責任。**

很多人都會認同要把里程碑拆解變小，只是要拆解到多細才好呢？

這個問題也一直困擾我很久，因為每個人的拆法都不同，專案也不一樣，所以也很難有一個標準的拆解方法。但是我做專案的這些時間當中，我發覺有一件事情很重要，那就是要依照「主要負責人」的拆解方式進行專案最順暢。

怎麼說呢？請您試想看看，一個專案假設有五個人，結果五個人都有不同的拆解法，那是不是彼此之間光釐清跟協調就要花費極多時間，但是這樣的協調並沒有產生產值！所以，我會建議依照「主要負責人的拆解方式」為主。

工作技巧之外，更需同理心

前面文章也有提到上述建議，下面則讓我進一步解釋。

依照阿德勒心理學裡面的「課題分離」角度來看，課題分離主要是要談我們往往擔心過多，或是在做專案時會有怨言，覺得誰誰誰那樣的做法是錯的，或是自己的做法沒有被採納而生氣，總是有種種事情讓我們感到沮喪與抱怨。

> **只是如果專案主要負責人是為成敗負責的話，那就要遵守誰負責，任誰決定的原則，畢竟主要負責人扛的責任是最大的。**

如果我們自己是專案主要負責人，我們自己也一定希望能夠做到團隊成員都遵照我們的想法，執行滴水不漏，並且在時程與預算內完成專案任務。

如果連我們自己都有這樣的想法，那我們怎麼沒有考慮到組員之間的抱怨，與專案負責人的想法呢？通常我們在這樣抱怨時，我們可能尚未成為主要負責人，而是一個協助者或是執行者的角色。

這樣的狀態就很像有人說他很想家，基本上都是成為異鄉人之後才會說想家。如果你整天都在家，又怎麼會有想家的鄉愁呢？不論我們是位於主事者的角度或是支援者的立場，都能夠多一些同理心角度，將會讓專案運作更加順暢。

負責人要建立專案一致拆解標準

所以當我們有了上面的同理心共識之後，那就要依照專案主要負責人的角度，去思考工作分解結構要拆到多細，基本上就是拆解到做完工作分解結構中的任務，就會有相對應的產出的程度。

之後專案主要負責人就要蒐集並統合專案所有成員的資訊，然後透過專案會議以確保每一個人都能有一致的工作認知，有一致的工作拆解標準，這將成為準則，便於大家依循。

透過這樣的拆解方式來進行，那麼團隊也能「拆解問題」，並讓工作順利推進了！

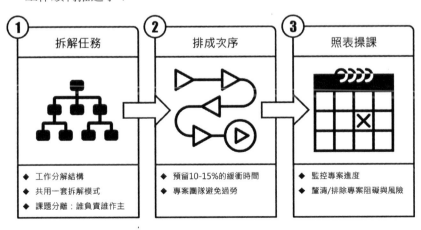

第
·
四
·
章

拆解
簡報企劃難題

4-1

如何拆解總是缺乏說服力的簡報？

拆解你的簡報技巧只有兩個關鍵：聽眾要什麼？你想要什麼？

你有遇過簡報報告被聽眾不耐煩打斷，然後說您浪費我的寶貴時間嗎？換作你是聽眾，如果聽到你不想聽的簡報，請問一下我們是否也會做出類似的行為呢？我的答案是肯定的。

特別是當我聽到「滿文字」簡報跟「流水帳」簡報，我心裡面就會有小聲音冒出來：「能否把投影片給我我自己看還比較快！」

這樣的簡報，結果當然可想而知是不佳的，底下聽眾越來越有睡意，講者越講越吃力，這都是缺乏說服力的簡報造成的後果。

什麼樣的簡報缺乏說服力？

我們先回頭看上面缺乏說服力兩種簡報型態的特徵。

「滿文字」簡報

全部投影片都是密密麻麻的文字，基本上是逐字稿。當出現這樣

簡報時，講者通常有幾種情況。

這簡報不是他做的，也沒時間演練。

我有看過這類型的簡報者，往往是長官，而簡報都是部屬幫他完成，他只負責簡報事宜，因此請同仁把所有文字都打上去，然後他依照當時情況來說明。因為工作繁忙，演講者沒有時間準備，就會追求這種六十分簡報，起碼清楚念完時間差不多，不會太早講完沒有內容，讓台上台下講者一陣尷尬。

簡報者很容易緊張。

我有遇過簡報者真的是很緊張，自己準備逐字稿，又很怕自己臨時講錯沒有邏輯，因此乾脆把所有逐字稿都打上去，才能夠講得很流暢。

「流水帳」簡報：

報告的都不是對方想聽的，而是我做了什麼一五一十說給對方聽。當出現這樣簡報時，講者通常有幾種情況。

不看功勞看苦勞的心態。

其實沒有很在意底下聽眾想要聽什麼，而是只在意我做了些什麼我都要告訴你的心態。或者某程度他也知道自己做的東西不符合台下聽眾的要求，但是因為沒有其他內容可以報告了，就只好拿出這些資料濫竽充數，起碼比什麼都沒有報告來得好！

沒有換位思考的工作報告。

這類型的人不少，就是老老實實把長官交辦的事項做好，所以就是呈現工作報告做到什麼程度，然後就結束了。沒有去思考過自己

的工作進度超前或是落後會對團隊整體有什麼影響，所以影響跟衝擊基本上不會在流水帳簡報聽到。

> **缺乏說服力的簡報，不是缺乏資訊，**
> **是缺少針對聽眾痛點提出的解決方案！**

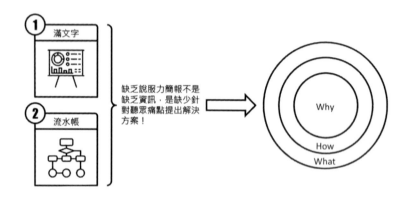

拆解簡報第一步，拆解你的聽眾

為什麼簡報沒有說服力，缺少痛點？因為我們沒有管理我們聽眾的能力！

假設是工作報告，聽眾大多數都是長官／客戶，要聽到的簡報就是我們的工作到底推進多少，這時候我們就要先拆解長官、客戶的需要。

> **去分析長官與客戶真正在意的目標，
> 什麼樣的方法對這些聽眾真正有效，
> 聽眾的痛點是否有所緩解。**

那要怎麼瞭解對方的痛點呢？我覺得談得最好也最容易上手的就是 Simon Sinek 的黃金圈，這也是可以用來拆解簡報。

Simon Sinek 強調要由內而外：

> ⇨ **最內圈是為什麼 (Why)**
> ⇨ **再往外是如何做 (How)**
> ⇨ **最外圈是做什麼 (What)**

他稱這樣的結構為黃金圈。

從一個先問「為什麼」的黃金圈開始。他舉了很多例子，包含 Apple、馬丁路德金恩博士和萊特兄弟等例子，告訴我們為什麼他們和別人不一樣，為什麼這麼多人願意追隨他們呢？

不一樣不是只是改變造型，也不是從做什麼 (What) 出發，而是發自內心覺得我們要有所不同，從為什麼（Why）要改變出發，這樣由內而外 (inside out) 差異化，才能走出不一樣的路徑。

這在 Simon Sinek 的 Youtube 演講當中有詳細說明，有興趣的朋友可以搜尋就找到。就如同他在演講最後提到：

> 「我們跟隨那些領導的人，不是因為我們必須，而是因為我們想要。我們跟隨那些領導的人，不是為了他們，而是為了我們自己。」

拆解圖表

· · · · · · · · · · · · ·

我依照 Simon Sinek 的黃金圈理論，可以把簡報者跟聽眾拆解成以下表格。

	簡報者	聽眾
Why	為何來簡報？解決聽眾問題	為何聽簡報：聽眾的痛點開始延伸
How	如何進行？方案提供 / 後續配套做法	如何進行？時程 / 品質 / 預算
What	分析痛點是什麼？相關方案提供 / 進步報告	確認痛點？避免簡報者走錯方向

這就表示我們在製作簡報內容時，要先考慮簡報者跟聽眾分別在意的是什麼，然後要藉由準備的簡報內容，將簡報者跟聽眾給串連起來，彼此有共鳴，才能夠達到讓聽眾覺得這份簡報是有說服力的。

拆解簡報第二步，我期待達成什麼成果？

　　我該如何構思一場有說服力的簡報呢？要思考一件事：那就是我身為簡報者，我期待什麼樣的結果呢？

　　我希望聽眾能夠被我的簡報說服，進而做出我期待的行為，像是跟客做產品簡報時，我會期待客戶對提案大為「讚賞」跟「首肯」，然後直接「購買」產品。或是要跟主管簡報新企劃，期待主管聽完簡報後，能夠「允許」我進行這項企劃，以及「分配」足夠預算給我執行。

　　我把幾個動作的詞都圈起來，這些動作就是聽眾被我們說服後所產生的效益！我們不應該只追求做好一份有說服力的簡報，而是更需重視這份有說服力的簡報，能夠讓聽眾做出我們期待的促成動作。

　　那要怎麼規劃簡報可以達到讓聽眾覺得有說服力進而買單呢？以下是我用一個案例拆解說服力簡報的流程步驟，情境是我代表公司去客戶端做新產品提案，大家可以參考，並實際演練看看。

拆解問題小活動

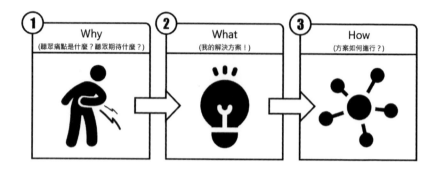

Step 1：Why (聽眾痛點是什麼？聽眾期待什麼？)

聽眾痛點是什麼？因為舊產品時常出問題維修，因此評估更換新產品。

聽眾期待什麼？聽眾期待能夠解決當機問題，維持設備正常營運。

Step 2：What (我的解決方案！)

我的解決方案：新產品就是客戶最好解決方案！然後說明新產品的優點，而這些優點剛好就是能夠對應到剛剛客戶提到的痛點！

Step 3：How (方案如何進行)

　　方案如何進行：當客戶都認同我們提到新產品的特點時，剩下的就是新產品價錢的協商跟如何有效率地完成新產品替換時程安排。

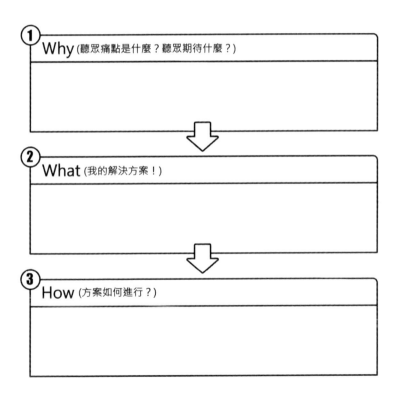

4-2

如何拆解缺乏資料又必須講到重點的簡報？

利用有效的團隊與個人拆解，把臨時任務也能順利解決

　　回想起自己的工作經歷，因為工作效率跟完成度還不錯，很多時候的工作都是主管指定的救火隊，也因此我會遇到很多棘手的任務，我也不會嫌這樣很苦，因為我知道每一次的棘手任務，都是讓我成長很好的養份。

　　有一次我又被主管指派一項新任務，該任務之前的負責人剛離職，留下了一個爛攤子，而且主管說下週就要上場跟客戶報告了。也就是說，我只有七天的時間可以完成這份簡報！

　　如果是你，會如何進行呢？我知道主管非到萬不得已，不會要我跳下來主導這個專案簡報，因此我接下來這個任務，重新盤點分配自己手上的專案，然後全心投入這個緊急任務當中。

拆解一個緊急又不熟悉的報告

但是當我仔細閱讀之後，發現該專案簡報內容我不熟悉，而且很多資料都不齊全，我唯一有的是七天的工作時間跟兩位團隊成員。因此當我跟主管「釐清期待」之後，我就馬上召集兩位夥伴一起開會，在兩個小時的會議中，我特別說明現在是緊急任務，需要仰賴兩位夥伴們一起通力協作。我們的任務就是要完成這份專案簡報，讓主管能夠在下週比稿會議中脫穎而出。因此，我就把我目前得到的所有資訊跟兩位夥伴共用，以下是我們操作的步驟。

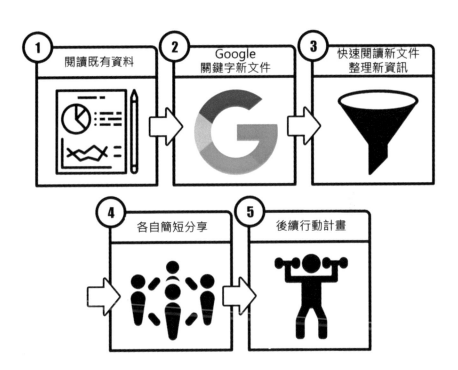

⇨ 步驟一：花了 30 分鐘閱讀既有資料，把關鍵字給圈選出來寫在便利貼上，之後貼出來五張關鍵字，透過 15 分鐘的時間釐清確認目前有的內容。

⇨ 步驟二：三人各自分配關鍵字，然後上 Google 搜尋相關內容，輸入「該關鍵字＋.ppt/.doc/.pdf」，就會看到很多該關鍵字的文件內容，之後下載排名在 Google 第一頁所有檔案，大約 10-15 份資料，下載時間大概 15 分鐘。

⇨ 步驟三：當每個人都下載好檔案之後，就花 40 分鐘開始快速閱讀，並把找到的關鍵字給寫出來貼在牆面上，當不斷重複出現的內容就是核心概念，三個人唸的內容都不一樣，就可以快速展開細節內容，而不會停留在表層。

⇨ 步驟四：之後各自用九十秒時間把剛剛所彙整的資訊報告，一位報告，另外兩位則把相關建議寫下來，等全部人都輪完一輪之後，大概五分鐘。

⇨ 步驟五：剩下十五分鐘把各自建議補上去，並找出所有人對於相關重點內容的共識，以及會後要加強整理的重點。

這個簡報專案後來如期在期限之內完成，最後幸運地讓主管拿下這個案子。

這不是要說明我們的厲害，而是在時間緊迫的情況下，我們如何善用集體智慧跟團隊合作的分工模式與資訊科技，幫助我們有效產出。

拆解問題小活動

....

　　我把這樣的經驗轉化 拆解步驟，您也可以用下表來檢視自己對於陌生資訊的掌握與產出。

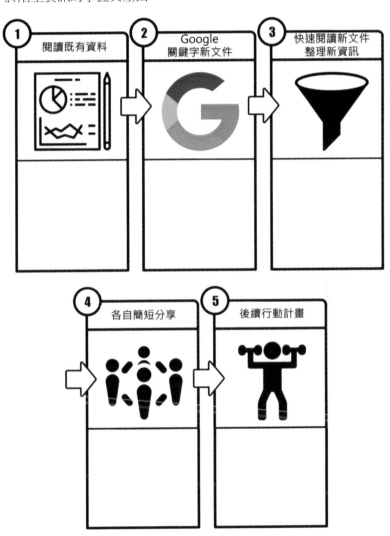

這個步驟看起來很容易，但是實際操作起來也需要練習，就像你會發現上面的環節沒有太複雜的區塊，卻能夠快速幫我們找到需要的資訊，這就很像我們看過的一些專家高手，簡單一出手都能夠符合該領域中的要求。

拆解快速熟練的四步驟

我只是把兩個小時的會議高效產出透過拆解拆成五個步驟。只是操作這些步驟時，熟悉不熟悉步驟對於產出與效果有著天壤之別。而這區塊就要談到學習新事物的四個階段。

在《黃金好習慣一個就夠》一書當中提到有四個階段，我以下就這四階段一一解釋。四階段分別是：

⇨ **階段一：無意識＋不知道**
⇨ **階段二：有意識＋知道**
⇨ **階段三：有意識＋做得到**
⇨ **階段四：無意識＋正在做**

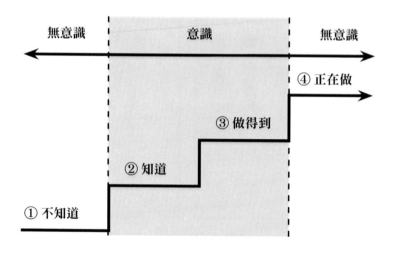

168

階段一 (無意識＋不知道)：學習者通常對於該領域是陌生的，可能是第一次聽到，也可能處於只有耳聞過，不懂該領域的重要理論，更沒有該領域專案的運用能力。就像一位沒有駕照的年輕人想要考重型機車駕照一樣，學習者此時還尚未具備駕馭重型機車的能力，而且也對於騎重機的知識方法陌生。這是非常常見的情況。

階段二 (有意識＋知道)：學習者可能開始報名重型機車駕訓班課程，而開始學習該領域之中的理論與方法。這階段會逐漸熟悉新學習到的方法與理論，只是尚且無法妥善實踐出所學。學習者可能知道要如何停車、如何上下車、如何催油門、如何判斷重型機車有油與否⋯等等，而這些概念對學習者而言，都還只停留在理知上，實際上都不熟悉如何實際去操作，所以離能夠實際道路駕駛階段還有不小的距離。

階段三 (有意識＋做得到)：學習者已經概念上學會駕馭重型機車的操作方法，接下來就是要實際練習。基本上經過練習，就能夠考取重型機車的駕照。但是拿到駕照跟實際上路是兩回事，我也有朋友拿到駕照但是沒有開過車，這也是無效的學習。這階段我覺得是特別重要的！沒自己實踐用出來的方法，都是別人的方法！實際操作時仍需要旁邊有引導者不斷地提醒自己該注意的事項，就像最近 Youtube 網紅 Joeman 租一台超級跑車開，也是要時時提醒自己慢慢開避免撞傷、與前車保持安全距離、紅綠燈前要踩剎車、轉彎記得要打方向燈等等基本動作，不是為了別的，而是沒有反覆熟悉操作直到自己熟悉，是無法晉升階段四的。這部分可以參考《刻意練習》這本書中的四大特質來配合操作：明確目標、講求專注、意見回饋、跨出舒適圈。

階段四 (無意識＋正在做)：因此，大量練習是絕對必要的。在經過大量練習之後，這些方法已經內化到我們的五感當中，我們的

大腦已經能夠不必特別思考就能夠應用該領域的知識與技能，讓我們精準完成動作，只有如此，我們才算是真正學會了駕馭重型機車這樣技能。

拆解問題小活動

1. 您覺得您的新技能在哪一個階段呢？

_____

_____

_____

_____

_____

2. 你要如何做才能夠提升到下一個階段？

_____

_____

_____

_____

_____

4-3

如何拆解資料太多
不知道要講什麼的簡報？

我們自己要了解所有內容，但聽眾只需要可以被說服的重點

　　現在網路找資料太方便了，結果準備資料太多，反而變成現代人準備資料的通病，想說透過準備這麼多資料，讓大家覺得自己很認真，沒有功勞也有苦勞。

　　一般所謂「資料太多」的簡報報告會怎麼做？大概就是把所有找到的資料都看過，然後花費極大的力氣整理排序，最後就希望以這麼龐大的資訊當作簡報製作的基礎。

　　願意花時間研讀資料，當然也是好事，但因為過往整理的心血跟時間，讓我們對內容有了熟悉，但卻也帶來更大的限制。怎麼說呢？

刪去 90% 資料與投影片

　　我舉一個例子，過往我曾經有一個專案，兩週後要跟高階主管報告，也用上述方法做了非常多的功課，焚膏繼晷完成了一份高達

100 頁資料豐富投影片的簡報，完成的瞬間自己覺得很滿足，因為世界上不會有超越這份簡報的詳細內容了，自得意滿地迎接跟高階主管的報告。

到了簡報當天，因為高階主管前一個會議時間討論延遲 40 分鐘姍姍來遲，一坐下就先簡單致歉，然後要我講重點，於是我把握20 分鐘時間把所有投影片快速報告完畢。

高階主管聽完之後有了以下的回饋：「胤丞準備得很充分，很用心，這是你極大的優點。只是資料量太多，要在短時間消化難度很高，能否我們花十分鐘重新順一下投影片嗎？你可以讓我知道這份簡報最重要的十張投影片是哪十張？」

我就依照高階主管建議，把我認為最重要的十張投影片給挑選出來。高階主管說：「Excellent ！非常好！看得出來你對於內容瞭若指掌，有抓到重點！那我們現在就以這十張投影片為基礎，其他的 90 張投影片請你刪除！然後再請你加上以下的資料…」

說實在的，我聽到 90 張投影片請你刪除，其實大腦有被重重一擊的感受，因為這也說明了過去兩個禮拜當中，我做了許多白工！我其實是沮喪的，但主管在前，也不好意思展現出自己的失落，我還是努力先聚焦在會議中寫下該高階主管的建議，並回去重新製作投影片。

後來回想起來，其實該位高階主管是很體恤我的，知道我花這麼多時間整理投影片，要刪除是一件非常困難的事，於是乎就請我把資料提取出來，其他的就不使用，這也是高階主管對於我的體貼跟照顧。

最後，我用該份簡報 22 頁跟總經理報告，也得到了高度認可。

我也從該高階主管的身上學習到資訊不在多，而在精。這是我過往陷入資訊過多的經歷！而你也曾經做出「老太婆裹腳布」般又臭又長的簡報嗎？這份簡報，往往是你費了很大心力，拚命地整理眾多資訊才完成的，結果卻讓人難以下嚥嗎？

把時間因素考量進入

其實我常常接到這樣的任務時，我都覺得是跟主管／客戶搶時間，當主管客戶說：「這東西不急，有空再做。」我心裡面已經在思考如何趕緊整理這份簡報了，因為根據我的過往工作經驗，主管對於事情的心理期待只會越來越高，因為他會預期你花的時間越多，相對於產出的品質就會越高，但這往往事與願違。

如果我們花了太多時間，主管／客戶的期望往往會變得太高，反而影響我們的產出。因此，在規劃簡報時要把時間因素給考量進去是非常關鍵的。

如何拆解出更精簡的簡報報告？

那看到這邊心中一定有個疑惑存在：資訊過多要怎麼整理比較有效率呢？我分享我自己演進的方法提供參考。

> **我會先把不斷重複出現的關鍵字給圈選出來，然後把這些關鍵字當作簡報的主要骨架。**

因為表示其餘內容都跟這些關鍵字有關係，然後快速規劃出一份簡報架構。

簡報的開場 - 重點 - 結論

接著，我會透過簡報模板來支援，那模板就是「開場—重點—結論」的規格，這是我在美國就讀霍特國際商學院 (Hult International Business School)，從曾任麥肯錫顧問的教授身上學習到的結構。

開場： 做這份簡報的目的與目標說明，然後會簡單說明這份簡報的大綱。

重點： 記得一個觀念「全部都是重點等於沒有重點」。若我們在簡報中塞入過多資訊，會讓整體畫面變得凌亂且毫無重點。而且聽眾要一邊聽你講話、一邊觀看投影片，一次太多訊息他們可是會消化不良。有很多報告內容非常豐富，但聽眾無法一次記得這麼多，反而覺得報告太冗長。

一般人的注意 大概可以記得的事不多，通常會用三個重點的方式呈現，因為兩個重點呈現會覺得有點單薄，四個重點又嫌過多，因此彙整內容變成三個重點比較適當。 我們能把重點整 出好記的口訣， 能夠讓聽眾印象深刻！

最後要記得三六法則！什麼是三六法則？就是一份投影片最多三個重點，每一頁投影片避免太多文字，最多控制在六行文字內。壓低資訊量，就不至於對聽者造成過度負擔。

最後是結論： 再次強調大綱，並說服聽眾行動。

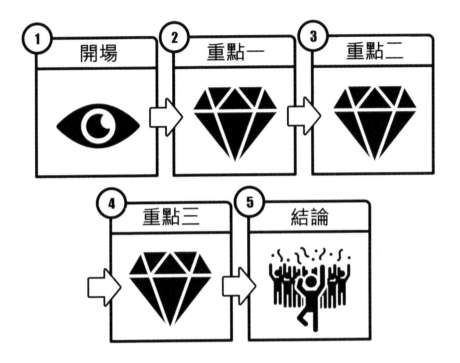

寧快勿慢

前面有提到時間拖越長，主管的期望越高，所以要速戰速決，寧快勿慢。

> **加快與老闆溝通**
> **就是節省自己工作時間的方法。**

所以我會快速整理一份資料，然後就去跟主管約時間，5-10 分鐘就好，口頭報告或是手寫報告均可，因為這時候不用考慮資料的完整性，而是要讓主管知道我們有把這件事情放心上，並且努力蒐集相關資料。

找主管討論是要跟他確認準備資料的方向是否正確，以及是否哪些面向我們還沒考慮到，可能我們會浪費一張紙，但是跟上述 90 張投影片與製作時間都浪費相比，絕對划算！

拆解問題小活動

您可以依照建議把相關資訊給快速條列出來，之後趕緊跟主管約時間討論簡報的方向跟內容，一定會讓您減少白做工的時間，請您務必要嘗試看看。

	我們收集的資料	主管 / 客戶建議
開場	◆ ◆ ◆	◆ ◆ ◆
重點一	◆ ◆ ◆	◆ ◆ ◆
重點二	◆ ◆ ◆	◆ ◆ ◆
重點三	◆ ◆ ◆	◆ ◆ ◆
結論	◆ ◆ ◆	◆ ◆ ◆

4-4

如何拆解總是讓主管聽不下去的失焦簡報？

拆解簡報，如同拆解工作。說服別人，也是展現自我價值

　　Kevin 是〇〇集團的部門主管，每次部門會議聽部屬簡報總會有股無名火，因為覺得部屬都沒有把報告做好，甚至言之無物讓人想要昏昏欲睡。往往在聽部屬報告時，Kevin 就會有不耐煩的情況，開口打斷並問問題，常常說出「然後呢？」、「所以結論是？」、「下一頁」等語句，Kevin 感到部屬報告沒有價值，而在心中將部署貼上無能標籤，而部屬同樣也認知通宵達旦準備的內容沒價值倍感挫折。您是否覺得上述的情況很熟悉嗎？

　　簡報在職場上是必備技能，不會上台簡報真的很吃虧，這幾年因為教學工作的關係常去點評簡報，很多人的簡報做不好，其實平常工作可能也會出現這樣困擾，像是長官不知道你的辛勞，同事不明瞭你的需要，而讓自己辛苦承擔，做很多事情卻事倍功半，我常常覺得好可惜。

簡報品質決定你的做事品質

明明是個人才，怎麼卻無法發光呢？我的觀察是通常這樣的夥伴不會張揚自己的工作，往往低調工作辛苦執行，心中期待著主管 / 客戶有一天會看見一塊璞玉在這裡，這情況過往可能可行，然而這時代已經是需要自我行銷的年代，讓自己成為值得公司 / 組織 / 主管刻意栽培的 1st-Tier 人才前，一定要讓自己被看見，而簡報就是您最好的利器。

最近我就遇到一個活生生的例子，最近有機會參加產業界前輩舉辦的尾牙，抽獎活動獎品由贊助廠商捐贈，然後上場用兩分鐘 PPT 宣傳自家獎品。而有一家廠商用了近十分鐘，前六分鐘談產品生產的篳路藍縷，過程中我掃視了台下各桌的與會貴賓，百分之九十的嘉賓都已經在聊天或是拍照，該贊助者在台上越來越緊張，就說「這是一份一個小時的簡報，這部分 20 頁內容請容許我快速帶過」，最後花了十分鐘才把簡報草草結束，換得禮貌性的掌聲。

我一路看到贊助者回座的解脫與失落交織的複雜表情，剛剛十分鐘宛若十小時，我相信他的內容紮實豐富，但想用一小時產品簡報兩分鐘說完的心態，早已注定失敗收場。我也能想見他產品推廣一定遇到極大瓶頸，因此感到十分惋惜。

簡報需要的是精準有效的溝通

我也發現一般人簡報除了自我介紹之後，就就一股腦兒把他做的產品 / 服務 (What) 都塞給客戶，一昧講自己想講的，卻沒有照顧到聽眾需求，十分可惜。這樣沒有「以聽眾為中心」思考的簡報也難以成交。

陳怡安老師曾說過：「溝通，是為了創造有意義的關係。」要讓這樣的關係有意義，就是能否在溝通的過程當中，讓彼此都有所成長或是啟發，進而產生不一樣的行動，才會有不同的結果。

就像簡報一樣，我們不是去對戰，而是去溝通。簡報是一種溝通的形式，希望能夠透過簡報傳遞我們所提供的產品／服務／理念的價值給聽眾，並讓聽眾予以認同／接受／同意／覆議／執行，進而讓後續事情得以推動，這樣的溝通有其意義價值存在。

> 　　**簡單說，簡報不是敘述「我」做過的流水帳，而是促進「你」行動的目標項。**

那要怎麼規劃被主管／客戶接納的簡報？我們將用拆解的技術一步步拆解給您看。

第一步：寫下簡報目的

我舉個例子，前幾年有一個國外駐台辦事處聯繫我製作招商簡報專案，看著 google 行事曆當天會議成員，除了與我聯繫的資深經理外，還有當天該國駐台辦事處的處長也會出席。

我腦中的警報大作，因為當天該國處長是外國人，表示我當天可能會需要以英文簡報，所以我預先準備了中文與英文兩個版本。

同時我也在這三天時間把該國駐台辦事處的網站跟相關文件都仔細念過一次，做這件事的準備是希望我能夠用辦事處同仁常使用的關鍵字對話。所有的溝通往往都有距離，我不能期待客戶會往我這邊靠近，這是不符合現況的期待。我們主動靠近理解客戶，這是比

較容易的方式。

有人會問說，那要怎麼寫簡報目的，你可以直接寫下為什麼你要報告的主題就好。重點是你願意下筆，之後你會發現很多想法在腦中流動。

簡報目的	預想聽眾聽完的行動	哪些內容客戶想聽
簡報製作專案		

第二步：預想聽眾聽完的行動

這步驟極為重要，往往簡報失敗就是這步驟沒有考慮清楚，我相信大家都不喜歡開會，所以開會事出必有因，不會無緣無故開會。

然而，開完會一定要有所行動，沒有行動的會議也是浪費時間且讓人感到挫折。所以透過未來行動來讓原先卡關狀態有所突破，就是我們期待的對方如何有所作為，以及這個有所作為是否朝向我們所期待的方向。

而這個案例當中，我預期處長聽完的行動是：處長同意由我承接專案，且不再考慮其他人選。簡單的公式是：為了讓我更靠近目標，我希望OOO(某人)做出OOO(某事)。

簡報目的	預想聽眾聽完的行動	哪些內容客戶想聽
簡報製作專案	處長同意由我承接專案	

第三步：哪些內容客戶想聽

在我閱讀完資料後，我就問自己幾個問題：

⇨ **為什麼處長想要找我開會？**
⇨ **希望確認什麼事情？**
⇨ **這簡報要達到什麼目標？**
⇨ **處長又會想聽哪些內容？**
⇨ **這份簡報何時要用？如何用？**

　　我就用便利貼方式來蒐集內容，思考面向從我在簡報的過往案例與經驗，像是優鮮沛 (Ocean Spray) 全美個案行銷競賽第三名、APICTA Awards 亞太資通訊科技聯盟大賽簡報指導。作為簡報製作者，不是要突出自己的簡報設計，而是要透過簡報來突凸顯演講者所傳遞的價值！

　　那要怎麼蒐集資料呢？可以用下方我設計的模板，這模板不用全部填滿，而是快速方便我們架構混亂的思緒，大多數情況可以從概念與範例著手，如果是從事教學簡報，則會補充滿演練與回饋。

	概念	範例	演練	回饋
開　場				
重點一				
重點二				
重點三				
結論				

我依照這樣的結構整理資料備戰，當天用中文版本投影片搭配英文口語簡報來運作。這個決定是取決於我的背景調查，發現處長大學時曾來台讀中文，而招商簡報需使用大量英文，所以我刻意用英文口語簡報，讓處長清楚理解我的英文程度足以勝任。

而內容部分則是簡單自我介紹自己是誰以及過往經歷後，隨即切入說明我如何賦予簡報不同的價值的三個呈現重點，以聽眾／講者角度思考，英語能力符合，重點萃取等等，簡報五分鐘之後，處長非常滿意，簡單問了幾個問題，就把這個案子交給我做。原先預計一小時的簡報會議，只用 20 分鐘提案成功。

之後簡報製作完畢後，跟處長解釋如何使用這份簡報，同時協助處長調整演講內容，指導如何跟聽眾說明方式，最後簡報大為成功，還有後續其他場次的邀約，當年度該駐台辦事處招商成績名列前茅。

〞這就是一份與聽眾有價值連結的簡報所帶來的巨大影響！要讓聽眾能夠聽下去的簡報，是以對方為核心考量的簡報。〞

各位讀者可以依照上面的拆解三步驟操作看看。

拆解問題小活動

....

簡報絕對不是上台報告完內容而已，而是要思考目的地要去哪裡，有沒有要帶領聽眾前往目的地意願的簡報，做出來的成果是天差地別。

我們一樣用這張圖表來做簡報規劃，如同專案管理一樣，請在規劃簡報前，問問自己以下的問題：

項目	考慮面向
往前追	• Why：為什麼會簡報？ • What：過往發生了什麼事情？ • How：過往有做過類似專案／案例？如何進行？成功或失敗？
往後推	• Why：這簡報希望達成什麼任務？ • What：這簡報達成的標準？成效？多少時間？專案推行中有什麼風險或阻礙？ • How：這簡報預計用什麼方式進行？
往上提	• Why：這簡報有誰支持？為什麼？ • What：這簡報有誰反對？為什麼？ • How：這簡報對公司／部門／個人有什麼影響？
往下挖	• Why：這簡報達成問題就能夠解決嗎？ • What：如果能，這樣要花費多少資源？ • How：如果不能，還有哪些問題需要釐清跟排除？

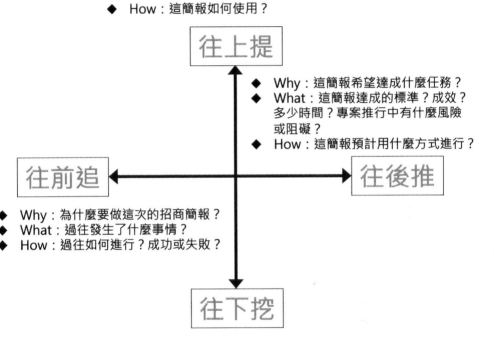

◆ Why：為什麼處長要見我？希望確認什麼事情？
◆ What：希望找我做什麼？這簡報要達到什麼目標？要放什麼內容？
◆ How：這簡報如何使用？

往上提

◆ Why：這簡報希望達成什麼任務？
◆ What：這簡報達成的標準？成效？多少時間？專案推行中有什麼風險或阻礙？
◆ How：這簡報預計用什麼方式進行？

往前追

往後推

◆ Why：為什麼要做這次的招商簡報？
◆ What：過往發生了什麼事情？
◆ How：過往如何進行？成功或失敗？

往下挖

◆ Why：這簡報達成問題就能夠解決嗎？
◆ What：如果能，這樣要花費多少資源？
◆ How：如果不能，還有哪些問題需要釐清跟排除？

第
·
五
·
章

拆解學習難題

5-1

如何拆解學習緩慢又無效的問題？

填寫學習問題雷達圖，拆解學習效率不佳的關鍵原因

　　知識焦慮，一直存在現代人的血液裡。最近幾年台灣又開始流行讀書會，各式各樣的讀書會如雨後春筍般各自爭豔，我自己覺得參加讀書會是很棒的事情。只是有一點要提醒大家，不能只是「享受」讀書會的過程，更要「應用」讀書會的學習。

　　為何我這麼說，我周遭也不乏超認真學習的朋友，參加了很多讀書會，讀了很多書，但是我並不覺得他的生活因此變得更好！我不是否認這些朋友的努力，而是我覺得很可惜，只是把讀書當成讀書看待，卻不是把書拿來應用到自己生活當中解決問題，那就太可惜了。

　　還有更多人可能是落入學習失敗組區域，連吸收知識都有困難，這不是少部分人，而是泰半的人都有類似問題，過去可能只用更多的時間浸潤，就希望自己的成果能夠展現，沒有展現就會內歸因，覺得自己沒有讀書天賦而在內心鞭打自己。

　　無論是哪一種學習方式，我覺得這都是不必要的作為。

其實，學習遇到問題，不是你沒有學習天賦，而是沒有找到學習不佳的癥結點。如果要把學習弄好，不能盲目地 Try and Error，要先透過拆解方式掌握自己的學習狀態全貌，先見林再見樹，畢竟，「知己知彼，百戰不殆」，這樣時間花費才會更加經濟。

學習問題拆解的雷達圖

如果以考試的歷程為例，我們腦中會浮現哪些因素呢？大概會出現以下類似的關鍵字：課前預習、筆記方法、考試技巧、複習、讀書方法等。

那麼要如何拆解考試前學習效率不好的問題呢？讓我帶大家做一個練習。

請用你的直覺，回答下列問題（是非題）。

A：

（　）01. 反正頭腦不好，再怎麼讀都無效。

（　）02. 雖然理解概念，但還是無法有效率解決問題。

（　）03. 準備都覺得挺順手，但實際分數卻事與願違。

（　）04. 常疲於奔命惡補。

（　）05. 認為學習內容只要了解就好了。

B：

（　）01. 遇到不懂的事覺得自己解決比較快。

（　）02. 遇到有很多問題，但卻沒有人可請教。

（　）03. 我不好意思請教別人，怕別人知道我不會更丟臉。

（　）04. 花了很多時間內容還是不懂，乾脆放棄算了。

（　）05. 時間主要用來整理筆記。

C：

（　）01. 覺得一天能夠學習的內容很少，產值很低。

（　）02. 在吵雜環境很容易分心無法學習。

（　）03. 常一邊聽廣播／音樂一邊輕鬆學習。

（　）04. 若一天中學習太多，大腦會無法負擔。

（　）05. 覺得自己記憶力很好，偏好使用死背模式。

D：

（　）01. 幾乎沒有做到自己訂定的計畫事項。

（　）02. 學習就是要輕鬆自在才不會讀死書。

（　）03. 我就把工作做好就來不及了，哪有時間學習。

（　）04. 不知道未來要做什麼。

（　）05. 我知道要學習，但學習對我來說效益不大。

當你完成之後請依序把打圈的數量加總，填入下面的內容

A（　）→定型心態
B（　）→愛好面子
C（　）→難以專注
D（　）→目標感弱

之後把數字填在以下的雷達圖，然後把四個點連線起來，會像下面圖示的方式。若是您的分數高於三分以上(包含三分)，那就可以仔細閱讀，看看未來怎麼做會更好！

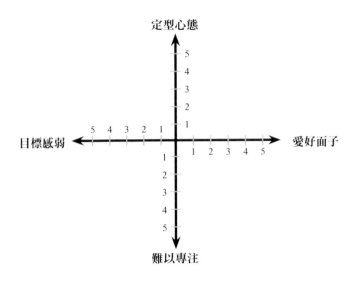

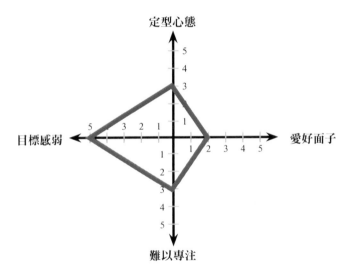

定型心態如何拆解？

然後我們一一來拆解學習效果不佳的四個面向。

首先是定型心態。

解釋：《心態致勝：全新成功心理學》這本書我認為是近年來很值得閱讀的一本，Dr. Dweck 談到最核心關鍵的是「定型心態」與「成長心態」，我個人極為認同！

這絕對可以用到學習不佳的情況，若自己一直被過往不好經驗所綑綁跟自我暗示，又該如何往未來移動？要打破這些腦中的既定觀念，像是「這太難了我學不會」、「我是不是天份不好」、「一定都是過去ＯＯＯ造成我的學習陰影」等等，往往自我肯定不足，就會講出藉口來逃避學習，甚至怪罪其他人身上，這都對於學習沒有幫助。

解決此問題的方法：

⇨ 告訴自己過去就過去了，改寫未來從現在開始！
⇨ 學習跟天賦無關，而是跟正確方法與練習有關！
⇨ 有練習，有進步！要跟過去自己比進步！

愛好面子如何拆解？

第二個學習不佳的原因是愛好面子。

解釋：我過往也曾經有這樣的困擾，覺得自己功課比較好，怎麼可以去請教功課比較差的同學，這樣不就代表我不會嗎？會不會有流言蜚語說怎麼這麼簡單都不會！

這時候，我要請教您一個問題：你在意的是被笑，還是學習？笑頂多被笑一次，但自己摸索可能會大幅度浪費你的生命，就像古人所說的「知之為知之，不知為不知」，我會透過真正成果去贏回我的尊嚴！

方法：

⇨ 笑一次總好過不會一輩子！

⇨ 專注於自己的學習！

難以專注如何拆解？

第三個學習不佳的原因是難以專注。

解釋：現代資訊爆炸造成現代人分心，如何管理自己的專注時間聚焦於學習跟工作，是現代人必修課題。很多研究都指出人無法多工，而是做注意力切換，希望工作／學習有效率，就要讓自己的能量專注於產出上！

方法：

⇨ 放下手機！放下焦慮！明白手機沒有這麼重要！

⇨ 列出項目清單，專注完成清單上事項，不在清單上的不做！

⇨ 蕃茄鐘學習法：讓自己心無旁騖一段時間專注完成工作項目。

目標感弱如何拆解？

第四個學習不佳的原因是目標感弱。

解釋：目標感弱往往是因為我們找不到持續讓我們花費時間和精力進行行動背後的意義，找不到行動的意義，行動就出不來或是無

法持續，之後當然就不了了之，結果當然是對自己的改變少。

清晰的目標任務會讓自己感覺有意義，就能夠激勵我們不斷往前行動。

方法：

⇨ **先將目標 SMART 化**
⇨ **拆解目標：短期目標→中期目標→長期目標**
⇨ **每天執行檢核，直到成為習慣為止！**

拆解問題小活動
·······················

你從學習檢測看到你的弱項是？

_____

_____

_____

_____

除了這些方法外，您又將如何改善？

_____

_____

_____

5-2

如何拆解讀了很多書
還是沒成長的困境？

學習不能只停留在閱讀，還必須轉化成你的行動

因為擔任培訓師工作而結識很多喜好閱讀的友人，有的友人是一年 600-1000 本閱讀量等級的重量級專家，有的則是一年 50-100 本的閱讀愛好者，我往往都能夠從兩者的對話中找到我自己可以繼續成長的地方，非常感謝他們。

只是我也發現一個問題：我們都知道多閱讀是好事，但是為什麼有些人閱讀就能夠得到飛躍性成長？有些人明明看了很多書，但是就是覺得他沒有什麼改變？那究竟是為什麼？

這個問題的瓶頸我也遇到過，我覺得自己好像繞到死胡同一樣找不到出口。後來有機會聆聽 Zen 大王乾任老師的課程之後，讓我有豁然開朗的突破。

我們每天不斷吸收新知到大腦當中，只是吸收消化，但是沒有用出來，依然只有概念知道，但是行為上沒有改變，進步幅度也就不會有太大改變，這也是為什麼會覺得讀書沒有用的感受了。

" *不是你沒有讀，而是你沒有用！* **"**

學習並非只有閱讀，閱讀是最低效率的學習

這讓我想起了美國學者埃德加.戴爾（Edgar Dale）在 1946 年提出的「學習金字塔」（Cone of Learning）理論。

埃德加。戴爾先生提到在初次學習兩個星期後：

⇨ 閱讀能記住學習內容的 10%

⇨ 聆聽能記住 20%

⇨ 看圖能記住 30%

⇨ 看影片 / 展覽 / 演練 / 現場觀摩能記住 50%

⇨ 參與討論 / 發言能記住 70%

⇨ 做報告 / 與他人分享 / 親身體驗 / 動手做則能記住 90%

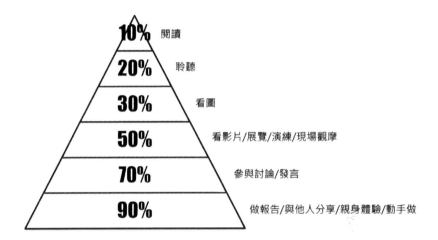

就如同恩師楊田林老師所教導我們講師訓的一句口訣：「感官運用越多，學習效果越好！」

所以最關鍵的就是要把學到的拿來用才會知道自己是否學會！

費曼學習法的步驟

我就非常佩服美國理論物理學家理察．費曼 (Richard Feynman) 先生，他是諾貝爾物理獎得主，量子電動力學創始人之一，也是奈米技術之父。會認識他也是透過閱讀《別鬧了，費曼先生：科學頑童的故事》。後來發現費曼先生學習的模式很值得效仿，網路上還有人特別整理了費曼學習法，我在此跟大家簡單介紹。

費曼先生學一樣新東西，會搭配以下幾個步驟：。

1. 不用任何專業術語教導他人：

費曼先生很常會思考，如果我學會的東西，要跟小朋友分享要怎麼說才好？

因為孩子的認知與詞彙量不多，因此要能夠用簡單詞彙讓孩子了解基本概念。這時候說專有名詞是沒有意義的，因為孩子的反應最直接，聽不懂就不會理睬你，其實孩子更是我們的好老師。

這也是為什麼葉丙成教授在台大開辦簡報課程，要大學生去簡報給幼稚園的小朋友聽懂，都是同樣的道理。因為當我們開始都用孩子能夠理解的詞彙說明想法，表示我們正努力萃取中該概念的本質，也讓我們做更加全面地思考與拆解，進而透過我們的理解來簡化該概念中彼此之間的關係。

2. 蒐集他人不懂的延伸問題，重新回頭學習：

我想起過往自己教學的時候，也常常會遇到學員提出問題，這些問題我都覺得好寶貴，因為表示學員也同樣在學習跟思考，才會提出問題！而這些問題都是讓我們繼續在該領域探索新可能的關鍵鑰匙。

這我有親身經驗，過去剛出來教心智圖時，有學員常會問說：「老師這我該如何在工作或日常生活中應用？」這也讓我會來鑽研心智圖在工作跟日常生活中的應用案例，並在下次跟學員分享。

3. 修訂精闢扼要的說法，繼續與他人分享：

所以教學相長，我透過教學更加掌握了心智圖法，學員也得到更豐富的收穫！一舉數得！

在幾個步驟循環後，如果仍自覺不夠完整理解，就會再回頭再學一次，直到簡單扼要清楚解釋為止。這跟我之前讀到全球首富比爾．蓋茲 (Bill Gates) 曾說：「如果你無法簡單形容一件事，那表示你對它不夠了解。」有異曲同工之妙。

說法會透過一次一次的迭代，進而越來越清楚易懂，所有的內容都能夠從一句話下去延伸，那就表示該概念已經通透理解掌握了。

去實踐你的學習

回想 2013 年時，我剛「出道」成為講師，主要是因為看到身邊的主管，想到那正是十年後的自己，那樣的生活方式讓我畏懼與迫不及待想逃離，但沒有經驗、沒有名氣的我該怎麼做才好呢？

沒經驗 / 沒資歷 / 沒名氣，沒有人要邀請我去演講或授課。

當初只是一個初衷，希望自己不要變成萬年教材的老師，所以開始發起每日一書的活動，開始寫部落格 < 趙胤丞的 One-Piece 學習部落格 > 現在更名為 < 胤嚮筆記 >，第一天只有兩個人看，一個是我，一個是我母親。

剛開始寫文章時我只是讓自己把每本書最重要的七句話節錄下來，一切輕鬆自在。經過一個月之後，習慣養成了，有一天沒有做反而會覺得很奇怪。這樣的動作累積一百多篇後，自己的文章逐漸被轉貼，名字也逐漸被記得，課程邀約開始有了起色，也因此上了知名企管講師謝文憲老師（憲哥）的廣播節目，從此以後我更加確定閱讀與書寫是我一生必備的好習慣！

我自認天份不高，唯一不輸人的大概只有認真。《一讀一行：從魯蛇到人生贏家的自我充實法》書中提到的做法完整地呼應到我，

我不斷透過「閱讀、記錄、實踐 」調整自己的工作型態。回想起來，
這也是我透過實踐學習金字塔而帶來的具體效果。

" *閱讀，紀錄，並且要實踐。* "

　　透過實作，我會帶入自己的經驗，分享起來更有底氣，而且也不
會只是擷取書中的知識，那就很像拿了糟粕讀死書的概念。學到的
內容就要拿出來用，而且透過實作增加自己理解的程度，進而取代
死背，知其然又知其所以然！吸收更好。

拆解問題小活動

....

　　我透過學習金字塔設計了自己學習的檢核表，透過這張檢核表來檢視自己學習的狀態，有做到的打○，沒有做到的打Ｘ，有做但沒有做徹底的打△。如此就非常容易知道自己還缺乏什麼階段，就能夠專門針對該階段採取行動，以減少自己瞎子摸象摸索的時間，這方法非常好用，非常建議大家可以趕緊嘗試看看！

主題	閱讀 10%	聆聽 20%	看圖 30%	看影片 / 展覽 / 演練 / 現場觀摩 50%	參與討論 / 發言 70%	做報告 / 與他人分享 / 親身體驗 / 動手做 90%	完成

5-3

如何拆解學習了但還是記不住問題？

關鍵不是你忘記多少，而是你把多少變成長期記憶

在教學時最常見的就是上完課學生記不住，之後就用不出來。不只老師苦惱，其實學生自己也很挫折。

學了就忘記真的不是你沒有記憶天賦，而是大腦本來就是這樣運作。遺忘，是人的記憶不可或缺的一個部分。

在記憶產生過程中，有辨識、記憶固著、回憶／讀取、遺忘這幾個過程。遺忘就是記憶資訊的丟失，或是因資訊間的競爭而導致讀取失敗，如此而已。

忘記了怎麼辦？別緊張，就重新再強化印象跟記憶就好。

如何拆解記憶的頻率

這就不得不談到艾賓浩斯遺忘曲線。

什麼是艾賓浩斯遺忘曲線？這要談到德國心理學家赫爾曼・艾賓浩斯 (Hermann Ebbinghaus)，當他進行研究發現，遺忘在學習之後立即開始，而且遺忘程度並不是均勻的。最初遺忘速度很快，以後逐漸緩慢。

他根據實驗結果繪成描述遺忘進程的曲線，也就是知名的「艾賓浩斯遺忘曲線」。

記憶保留比例

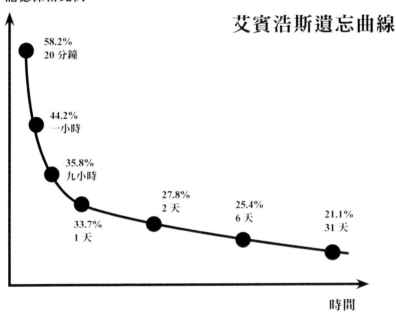

艾賓浩斯遺忘曲線

58.2%
20 分鐘

44.2%
一小時

35.8%
九小時

27.8%
2 天

25.4%
6 天

21.1%
31 天

33.7%
1 天

時間

過去在台大就讀時，我覺得我很平凡，班上同學基本上都是從名縣市高中名校聚集。那時我們那時候很流行一句話：University，就是由你玩四年。

現在想起這句話，不禁莞爾一笑，笑的是自己當初天真，剛進到臺大沒有人管理的環境，順間有種解放感，我也會翹課，我也會睡過頭，我也玩社團，不是一個很認真讀書的學生，到考試前三週開始 K 書時，就會發現台大的總圖書館全滿，一位難求，焚膏繼晷住在總圖書館的日子，記憶猶新。我才發現，原來我以前讀書還不夠結構科學化。

請你回想一個問題，你是否曾經有過信誓旦旦要努力讀書，進而排定一份洋洋灑灑的學習讀書計畫，放在書桌前每天檢視，但是人算不如天算，很多作業報告與活動接踵而來，後來檢視發現進度大幅度落後，最後索性將讀書計畫從書桌前拿下。

這樣的例子反覆發生，不是非常可惜嗎？

我們很容易就分心，很容易就不專注，大家都想解決這個問題，這可以從最近熱門的幾本書《刻意練習》、《心態致勝》、《深度工作力》了解一些端倪，《刻意練習》書中也歸納四種特質：明確目標、專注、意見回饋、跳出舒適圈。堅持原則是累積反覆檢驗而來的，只是我後來發現，關鍵不在於對於「原則」的理解，這個對任何人都是老生常談，比知識還要基礎！

"
關鍵問題在於對於讀書計畫的
執行「程度」與「頻率」。
"

黃金複習頻率

就像我們從小就不斷被老師告誡「課前預習、上課專心、課後

複習」這三句話，但是老師們從來沒有說課前預習要預習到什麼程度？我有請教過幾位老師，不是不說，而是他們也不太知道要預習到什麼程度，彼此的說法總會有所出入。因此，我決定自己來找答案。我統整三十幾位學霸得出來的黃金複習頻率，可以很有效的說明一切。那什麼是黃金複習頻率呢？

黃金複習頻率：

⇨ **第一次：課前預習。**
⇨ **第二次：上課專心。**
⇨ **第三次：下課五分鐘。**
⇨ **第四次：當天晚上。**
⇨ **第五次：當週週末。**
⇨ **第六次：一個月。**
⇨ **第七次：三個月 (一季)。**
⇨ **第八次：六個月 (半年)。**

這可以透過拆解分解成三段，分別是學習前、學習中、學習後，我將用拆解的技術一一來說明。

學習前	學習中	學習後					
第一次	第二次	第三次	第四次	第五次	第六次	第七次	第八次
課前預習	上課專心	下課五分鐘	當天晚上	當週週末	一個月	三個月	六個月

要讓記憶變得更牢靠不能只靠天賦跟理解，人會怠惰是天性，因此更需要科學化的方式來幫助我們延續效益。

從上述這張表格來看，我們會發現學習後花的次數最多，但是如果算對於素材熟悉的時間，會發現每一次複習所需要花費的時間都在降低當中。因為剛開始我們對於素材內容一定是相對陌生的，透過快速熟悉內容而讓自己理解，理解之後可以把內容蓋起來用自己的話講出來，如果講得卡卡的，那就是不熟悉。如果講得很順且回憶良好，就表示自己已經對於內容有了相當的理解，就可以快速複習完。

透過複習，可以降低艾賓浩斯遺忘曲線的記憶衰退影響程度，讓我們對該內容的記憶度往上提高，進而讓該內容從短期記憶轉換成為長期記憶。

若希望上課不慌不忙，課堂聽講輕鬆，筆記簡單扼要有重點有重點，一聽就懂，其實是因為有預習—預先的知識儲備，包括知識

的框架，以及支撐主幹知識的鋪墊知識。只是這件事情無法速成，只能一步步慢慢來，過程很像拼圖，需要時間醞釀建構。否則，沒有經過消化的知識依然不是我們的，而只是記載在筆記上的碎片罷了。

" 請記得：

沒有經過消化的知識 **"**
是無法為你所用的！

就很像我高中同學在唸英文時，一天背 100 個單字，同學也是這樣做，但是他發現背不起來，最後索性不背。我就問他說：為什麼不繼續唸了？他回答我一個很經典的答案：「我背越多忘記越多，這樣的情況我感到很挫折，不如就念少一點，之後也就忘記變少，最後乾脆都不要念，這樣都不會忘記。」

我聽到這樣的答案也是醉了，知識學習不是這樣看比例，而是看總量，雖然唸得多忘得多，但是只要透過系統化頻率來複習，就會遇見更好的自己。

拆解問題小活動

....

　　小練習：透過黃金複習頻率來當作檢視表確認自己是否已經理解內容。

項目	學習前	學習中	學習後					
	第一次	第二次	第三次	第四次	第五次	第六次	第七次	第八次
	課前預習	上課專心	下課五分鐘	當天晚上	當週週末	一個月	三個月	六個月
單元一								
單元二								
單元三								
單元四								
單元五								

5-4

如何拆解並建立自己的知識體系？

讀了再多碎片，也還是只有碎片，除非你放入自己的知識體系

　　我很喜歡周星馳的一部早期電影，武狀元蘇乞兒，這部片是談論蘇燦從紈褲子弟變成乞丐之王的故事，裡面有一段讓我印象特別深刻，那就是丐幫長老洪七公看蘇燦整天失魂落魄不努力，只窩在大樹下睡覺打盹，就特別去跟蘇燦聊天，以下是周星馳的電影《武狀元蘇乞兒》中周星馳演的蘇燦跟丐幫老前輩洪日慶洪七公的對話：

洪七公：「其實行行出狀元，如果我沒看錯你將會是乞丐中的霸主！」

蘇燦：「那是什麼。」

洪七公：「還是乞丐。」

　　我現在回想起來，不禁莞爾。這道理到現在依然相通。

> **"**
> 在這個碎片化時代，如果只是蒐集碎片知識，
> 不論是否經過消化，得到的依然只是碎片，
> 不會有什麼改變。 **"**

知識碎片的霸主還是只是碎片而已。

正因為是碎片，所以很容易隨著時間消逝而沒有累積性，除非你建立了自己知識體系來固化碎片，這才能夠把碎片化知識存到適當的知識體系結構當中，才能讓知識經過時間而得到更有效率的累積。

建立知識體系說起來很簡單，但是怎麼具體形容跟操作呢？

拆解閱讀的四個層次

說到閱讀學習，一定會提到一本閱讀經典聖經《如何閱讀一本書》，《如何閱讀一本書》是由莫提默‧艾德勒（Mortimer J. Adler, 1902-2001）跟查理‧范多倫（Charles Van Doren）合著，這是因為范多倫和艾德勒一起工作。一方面襄助艾德勒編輯《大英百科全書》，一方面幫他把一九四〇年第一版《如何閱讀一本書》內容大幅修編增寫，因此，一九七二年的修訂新版就由兩人共同領銜，這也是我所接觸閱讀的版本。

這本書裡面談論到閱讀的四個層次：基礎閱讀、檢視閱讀、分析閱讀、主題閱讀。

基礎閱讀：

只要識字，就掌握了基礎閱讀的能力。現在台灣社會，我覺得極少看到文盲，這跟推廣義務教育有關，這是我看到很棒的一項優勢。

檢視閱讀：

是系統化做法來瞭解書中內容。方式是逐步看書的名字、書封、書腰、文案，之後翻開目錄、序 (包含作者序與推薦序) 詳讀，最後從頭到尾快速地翻一遍。

如此不用 30 分鐘，我們就能大致掌握這本書是哪種類型（像是歷史、管理，或是心理），作者想傳達的論點與作者的結論又是什麼，這樣的程度也足以跟一般人小聊這本書。

分析閱讀：

完全理解作者的「Why」是什麼。做分析閱讀時，我們要先找出作者整本書的「關鍵字」，通常就是作者認為的重點，而把作者散佈在整本書的論點集合起來做成筆記，就能夠清楚掌握作者思維跟書籍脈絡。

同時可以問問自己幾個問題：

⇨ **整體來說，這本書到底在談些什麼？（要傳達什麼？）**
⇨ **作者細部說了什麼，怎麼說？（有哪些論點？）**
⇨ **這本書說得有道理嗎？是全部有道理，還是部分有道理？**
⇨ **這本書跟我有什麼關係？**

第一次讀都會是依照作者的邏輯在念，但自問自答這幾個問題，我們就會去思考到底剛剛學到什麼，就像是掏金一樣，記不得或是非重點的內容就會像沙子一樣被濾掉。

> **自己記住都是有共鳴感與深刻記憶點，
> 然後用自己的話說出來印象最深刻。**

主題閱讀：

透過自己閱讀吸收所建構的知識體系，將多本相同主題並把相同概念的書籍、知識解構之後，然後放到自己知識體系架構當中。

舉例來說，讀一本簡報書籍跟讀五十本以上的簡報書籍所涵蓋的內容是不同的，建立的知識體系架構也完全不可相比擬。主題式閱讀可以讓我們針對想要闡述的概念、意義做出自己「關鍵字」，透過博覽群書迅速擁有整體觀跟豐沛案例與說法。那就更需要用「文字背後意義或代表意涵」來串連關鍵字，這樣才能讓自己做到知識整合，而不是蒐集一堆知識碎片。

如何建構自己的知識體系？

過去學生也會問我一個問題：「老師我看你經常旁徵博引，上課會根據我們的需求補充我們需要的內容，能否老師分享一下如何有效地快速建立自己的知識體系呢？」

以下是我的方法步驟，可參考下圖。

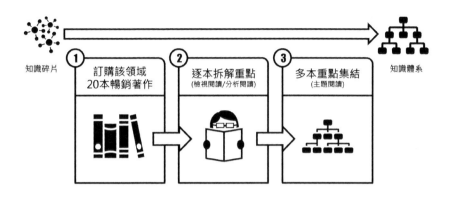

知識碎片　①訂購該領域 20本暢銷著作　②逐本拆解重點（檢視閱讀／分析閱讀）　③多本重點集結（主題閱讀）　知識體系

　　當你做完二十本的重點解構，基本上屬於自己的知識體系已經建立了 90% 骨幹架構，其他的就是透過時間閱讀，與工作遇到的需求做重點強化，至於能否熟悉運用，則是刻意練習的成果。

　　而當有了整體觀的知識體系，知識碎片就有了歸屬，不會在外面繼續流浪，知識體系就會透過練習而逐步強化與優化！

　　這樣屬於自己的知識體系建立，其實最需要的不是天賦，而是你的意願跟決心！有志者事竟成，金城武講得很好：「世界越快，心則慢。」不要讓知識學習淺碟速食化，那樣是無法有所積累的，老實念好每一本的書，紮實做好每一本的重點筆記，踏實整理每一主題的知識體系！你會猛然發現自己的思維高度長了，整體觀更清楚了，當你的知識體系改變，思維體系就改變了，進而行為就會有所不同，做事成果也會展現出差異化。這樣反而更容易脫穎而出！不要汲汲營營去追求速效解，而是讓自己累積底蘊找出根本解。

5-5

如何拆解不知道要學什麼好的焦慮？

不是思考你到底要學什麼，而是思考你到底想做什麼？
變成什麼？

　　不管是到企業或是學校培訓，經常會有學生來問我這個問題：
「老師好，我知道要學習，但是要學些什麼比較好？」或許是學生
覺得自己有太多東西需要學，但不知道該從哪裡學起的知識焦慮。
因為焦慮而使自己憂慮不安，進而行動步調亂了節奏，甚至有的深
陷焦慮當中而忘記要往前行動。

　　但是這些時候，我經常會出現黑人問號，心想：我又不知道您
的專業，我怎麼給予您建議。這樣的情況我會先詢問學生自己的目
標，像是我就會反問學生說：「那您是否有比較嚮往的方向呢？」
後來發現學生通常都會給我他們的答案，只是可能都不敢說出來，
因為往往都會被人認為不切實際，不鼓勵反而數落，久而久之就不
願意把想法說出來了，或者是把自己的未來交給別人做決定，不聽
從自己內心的聲音，這些都是很可惜的事情。

　　讓我想起童話故事愛麗絲夢遊仙境的一個橋段：愛麗絲在森林

裡迷失方向，巧遇一隻總是面帶微笑的貓 (Cheshire cat)。她問笑臉貓：『你可以告訴我，我該走哪條路嗎？』笑臉貓回答愛麗絲：「這得看你想往哪裡去？」『我並不太確定該往哪裡去，』愛麗絲說。於是笑臉貓說：「那麼，你選哪一條路都是一樣的。」

小時候也覺得這只是寓言故事，但出社會之後發現這是隱喻。說實在話，我無從替您抉擇什麼要學什麼不該學，因為我觀察不知道要學什麼的人通常也不知道自己想要做些什麼工作，這樣的心理困境會不斷困擾著自己，直到跟他人求救：

> **只是很多時候聽到對方建議之後，
> 卻又感覺到心安了一般，
> 反而行動的急迫性降低了，
> 這是我觀察到很有趣的現象。**

明明是自己對於工作的急迫性遠高於給建議的人，但是行動力卻往往不足。這是一直在這個問題打轉極為重要的關鍵。

不是找到學習方向，而是找到工作方向

我可以跟您分享我的案例如何找到學習方向，我會先問說：「有什麼樣的工作是你所嚮往的嗎？」

咦？不是要說學習方向嗎？為什麼這樣問？

因為只有要先了解自己才能夠找到適合的工作，也才知道自己要學習什麼。不然我身邊也有看過工作到退休，卻發現那工作一輩子做得很痛苦，其實也會覺得生命如此度過，覺得很複雜的感受。所

以透過系統化的做法，讓自己起碼能夠做自己相對想做的工作，起碼在工作辛苦時，仍有信念能夠堅持下去！

就像我目前從事培訓工作，培訓工作其實要做的備課準備是很驚人的時數，並非只是上台講課如此簡單，背後的基礎功才是進步的淬煉。往往一天台北課程結束之後，趕回台中陪伴與安頓好家人，在夜深人靜時繼續打拼到深夜。往往也會問自己：我到底在拼什麼？但是一想到我做足準備能夠帶給隔天學員更多的收穫成長，我就有了動力繼續往下做！因此培訓工作對我來說，不只是一份工作，而是我透過培訓工作體現自身存在價值的意義感。

找工作不是漫無目的找，因為並非所有工作自己都合適，有些工作不合適不一定要嘗試過才知道，可能光看內容就已經知道不合適自己。

所以如何快速縮小找工作的範疇是很關鍵的事宜，因此我接下來會用四步驟拆解快速找到自己喜歡工作的方式。

先把討厭的工作排除！

大多數人不知道自己喜歡什麼，但往往都知道自己不喜歡什麼。

可以先從這邊來入手分析，我知道有些人不喜歡數學／英文，那我覺得可以先找不用數學／英文的工作，或是把常需要數學／英文工作的先排除掉。先不用覺得可惜，如果自己都不喜歡，也不用勉強，只能說目前還沒有找到學習數學／英文的意義，接受自己的狀態也挺好，起碼不用在此糾結。我覺得人生怕的不是選擇，而是不敢選擇。

小演練：我討厭的工作有哪些？

01.	02.	03.	04.
05.	06.	07.	08.
09.	10.	11.	12.
13.	14.	15.	16.
17.	18.	19.	20.

　　可以先瀏覽人力銀行的「工作分類」清單，看是要從職務著手，或是從產業著手都可以，然後從裡面大致瞭解該工作的內容，根據自己的個人喜好先做初篩，把不喜歡的工作內容先篩選掉。像我之前有學生希望能夠追求週休二日穩定生活品質，因此他就知道自己不會去挑選服務業門市的工作，因此服務業門市的工作他就直接略過。

　　這也是對自身了解所做出的決定。

從不討厭的工作範圍選出較喜歡的工作！

　　當我列出來討厭工作之後，其實範圍已經縮小不少，之後再從不討厭的工作範圍選出較喜歡的工作，就能夠更加聚焦。那要怎麼找尋比較喜歡的工作呢？當我們用人力銀行的「工作分類」清單篩選掉工作之後，接下來就是在不討厭的工作清單當中一一去細看每一個工作職務分別需要什麼樣的能力，之後再從這些清單當中找出自己相對喜歡的二十個工作。

小演練：我相對喜歡的工作有哪些？			
01.	02.	03.	04.
05.	06.	07.	08.
09.	10.	11.	12.
13.	14.	15.	16.
17.	18.	19.	20.

未來前景好的工作！

很多人通常會在 Step 2 就暫停了，因為是從現在來看可能薪資比較好，就選擇那個工作，但那前提是指未來不會再變動，但現在處於 VUCA 時代 (volatility（易變性）、uncertainty（不確定性）、complexity（複雜性）、ambiguity（模糊性）)，我們又怎能如此天真從過去直接來線性推論未來呢？

也有專家提出 10 年後 65% 的工作現在還不存在！現在成功不等於未來成功。那要怎麼辦？多看趨勢，這也表示要有系統化地吸收新知，從趨勢去判斷哪些工作會因為趨勢浪潮而逐漸萎縮，哪些工作又會成長，努力是必要的，而讓自己的努力能夠產生加乘效果，判斷趨勢是很重要的關鍵。

小演練：我相對喜歡的工作有哪些？						
工作名稱	未來發展	薪資	工作地點	目前能力符合	總分	改善計畫
01.						
02.						
03.						
04.						
05.						
06.						
07.						
08.						
09.						
10.						

那當用這三種方式找出來的工作型態，就會是您相對喜歡且前景看好的夢幻工作。只是這樣做仍不夠，因為這是整體局勢的分析，還是要回過頭來自己身上，可以問問看自己幾個問題：

> ⇨ 我的能力足夠擔任這些工作了嗎？
> ⇨ 如果還不夠，我需要強化些什麼？
> ⇨ 強化之後，我該如何進入這個產業？

於是，你知道自己應該學習什麼了！

　　有時候這樣仔細思考之後，可能會驚訝發現數學 / 英文都會是必備的能力。那時可能會覺得怎麼會？但請冷靜思考，那表示數學 / 英文是你找夢幻工作的一個測試關卡！

> **雖然自己討厭，但是為了要做到自己的夢幻工作，一定要努力把數學 / 英文學好！**

　　這樣從內而發給予數學 / 英文學習新的動力跟決心，就能夠讓自己找到適合的方法克服，這也將伴隨更高幅度的成長！

　　最後，我必須提醒一下，他人經驗永遠是他人的經驗，能不能為我所用，仍是要我們自己判斷。要把他人的智慧化為己用，只有通過行動實踐才能判斷是否是真智慧。

　　唯有實踐是檢驗真理的唯一標準。沒有經過實踐，別人的方法永遠是別人的方法，不會有自己的吸收與反芻！那就很容易落入概念

路徑清楚，但是實際行動不多的窘境，簡單說就很容易成為「思想的巨人，行動的侏儒」，那就非常可惜。希望各位讀者都能夠透過這三步驟快速拆解自己能做的事情，讓自己更加有效率地找到自己有興趣所學。

第
·
六
·
章

拆解人生難題

6-1

如何拆解我的第二人生選擇？

不是害怕了就轉換跑道，而是找到自己真正的勢、力、價

　　最近因為顧問案會議比較晚，搭了計程車趕車，司機徐大哥非常敏銳地把廣播關閉，便於我電話討論，掛斷電話後，我特別感謝徐大哥這麼貼心的服務，就開始跟徐大哥對話，對話中徐大哥對我的工作感到好奇並流露出羨慕口吻。

　　我對徐大哥說：「大哥這麼細膩的服務，一定客戶滿滿。」徐大哥說：「別安慰我了，現在經濟不景氣、油價上漲、體力不如年輕人，其實每天這樣跑算兜風，賺賺生活費，只是不敢想像後年退休後要靠什麼支持，早知道就應該轉行，說不定人生有不一樣的光景。…」抵達目的地，下車後我往下一個會議地點邁進，等紅綠燈時回頭看徐大哥的計程車往遠處駛去，心中有嘆息，卻希望徐大哥把祝福帶上。

　　只是徐大哥的身影與對話，一直在我腦海中徘徊，如果是我遇到這問題，我又能怎麼拆解呢？我從下面幾個面向思考：

心態上，先接納自己的狀態

有千百種原因讓我們選擇目前工作，但是也常看到很多人碰面就吐苦水，覺得工作越來越累，事情越來越多，但是薪資沒有同步成長。

這可能是事實，人總有情緒，找朋友吐苦水是人之常情，關鍵的是你吐完苦水之後：

> **是回去用原來方法過日子，
> 還是思考自己如何改變？**

阿里巴巴創辦人馬雲曾說過：「晚上想想千條路，早上醒來繼續走原路。」如果是這樣的反應，就會在目前工作＆逃避＆抱怨之間來回擺盪，一直無法脫離這個迴圈當中，時間就這樣消失了，然而生命卻依然找不到出口，是多麼可惜的一件事！

冷靜接納自己的狀態後，才有頭腦可以思考，這時候請從幾個層面開始思考，我歸納成「勢、力、價」三個層面。

不知道大家是否有吃過 SNICKERS 土力架巧克力呢？我過往工作消耗大量腦力時都會吃士力架巧克力，思考自己的工作同樣也要添加「勢」「力」「價」！什麼是「勢」「力」「價」？分別是趨勢、能力、價值與價格。我下面一一來解說。

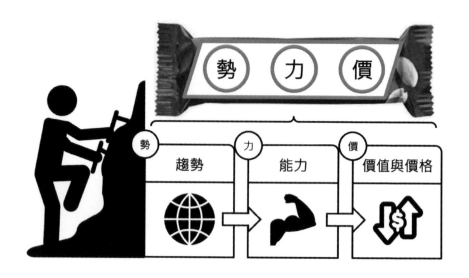

思考自己的「勢」

勢，就是趨勢。

創新科技逐漸影響我們的世界，就舉 iPhone 為例，從 2007 年發明至今不過短短十年，卻完全顛覆大部份人的生活型態，近期包含大數據、人工智慧 (AI)、物聯網、區塊鏈的嶄新應用，人類工作被取代的機會越來越大。

而根據報導，英國牛津大學（University of Oxford）馬丁學院團隊曾進一步分析 702 種職業被自動化的程度，而計程車司機被取代的機率是 89.4%。

而且 Uber 也橫空出世近來市場搶攻，台灣人口紅利也將於 2023年用完，之後人口數逐年減少，也都會衝擊計程車獲利情況。

現在的淘汰不是逐步漸進式，而是一步到位式。如果看到趨勢能夠審時度勢轉行，就不會在衰退局勢下苦苦掙扎。

思考自己的「力」

力，就是能力。

如果像徐大哥一樣轉行已經來不及或是曠日費時，那就要盤點自己。要問自己一個問題：雖然市場在衰退當中，但我能否成為衰退最少的呢？

我也有認識開計程車，但是開到幾乎沒有什麼空車的司機大哥。舉例來說，在台北計程車有一位劉大哥，我搭乘後一試成主顧，後面我會詳述他的情況。

但其實劉大哥過往計程車生意也很辛苦，沒有錢去保養車子，聽著電台廣播，沒有跟客戶互動，有一天他受夠了。而劉大哥做的最關鍵的一件事情就是問問自己：「如果我是乘客，我希望遇到什麼樣的計程車司機呢？」

接下來劉大哥就一一訪問乘客，並提供乘客誘因：如果你告訴我一件我需要改善的事情，我就給您十元的折扣優惠。能夠省錢乘客當然覺得很好，都會很開放地回答，劉大哥就把這些建議都一一條列下來，一條一條改進檢視。

他後來發現依照顧客的建議執行，計程車生意越來越好。就像徐重仁先生所說的，用心就有用力的地方。

聰明如讀者您，客戶對您的期待又是什麼呢？

	劉大哥		讀者
我的職業是？	計程車司機	我的職業是？	
我客戶對我的期待？		我客戶對我的期待？	
◆汽車	乾淨的外觀 / 內裝 /USB 充電…		
◆司機	整齊儀容 / 不菸 / 不檳榔 / 不談政治 / 不遲到 / 開車穩…		

我來說明我的看見。

每次跟劉大哥預約計程車，劉大哥都會提早抵達，然後笑容可掬地問候，而印入眼簾的是一塵不染的車，燙過的襯衫，筆挺的西裝褲，擦到發光的皮鞋，挺直的腰桿，宏亮的聲音，上車時會專程下車幫您開門，一看就是絕對的專業。

劉大哥會幫我把行李妥善放置，入車門時也都會伸手保護避免頭部撞到，要去的目的地早已經用 LINE 溝通完畢，也都設定好導航系統。車上還會準備 USB 插座跟小瓶礦泉水提供乘客使用。

聽到這是否覺得很想問我劉大哥的聯繫方式呢？我覺得每個人都有能力改變，重點是能讓改變發生的關鍵就掌握在你自己的手上，那就是願意去做！

思考自己的「價」

價，就是價值與價格。

劉大哥用心提升減少了計程車的閒置率，但他覺得這樣還不夠。為了增加自己更多價值，劉大哥也在學習英文／日文／韓文，因為常常很多外國人包車做機場接送與地方導遊，從完全聽不懂到基本溝通對話流利無礙，可以想見劉大哥在其中花費的時間。

我好奇請教，劉大哥說當車上有乘客時，他會把廣播關掉避免干擾到乘客，但是送走乘客到接下一位乘客之前的空擋，他就會播放英文／日文／韓文學習 CD，然後邊朗誦，用零碎時間來練習。

而且車上有中英日韓文版本的介紹，這些也都是他觀察到乘客的需求陸續提供的翻譯文字。因為如此貼心的服務，所以就算劉大哥的包車費用比一般稍高，但乘客與外國人依然絡繹不絕。

看到這我深深佩服劉大哥，不因自己所在產業趨勢衰退，依然客戶滿檔，從劉大哥身上我沒有感受到產業的不景氣，那就是要透過自己的能力提升來展現創造出不同於他人的價值。

6-2

如何拆解「我是誰」的難題？

你是誰，不是從比較、競爭而來，而是從你如何跨越自己的高牆來證明

　　在就讀台大時期，有機會修習傅佩榮教授的哲學與人生課程，課程中讓我至今印象最深刻的一段話，就是供奉太陽神阿波羅(Apollo)的古希臘戴爾菲(Delphi)神殿，戴爾菲神殿上刻了兩行字：

> **「認識你自己。凡事勿過度」。**

　　認識自己本來就是人生最難的事，但我們可以透過拆解的方式，讓自己透過每一次的修煉成為更好的人。

從人生的需求層次，找到自己努力的目標

　　我想到一個模型可以有助於大家來拆解人生目標，那就是美國亞伯拉罕。馬斯洛 (Abraham Maslow) 博士所提出來的知名需求層次理論，這是馬斯洛博士於 1943 年《心理學評論》的論文〈人類動機的理論〉（A Theory of Human Motivation）中所提出的理論，我個人覺得這就

是拆解的絕佳範例。馬斯洛博士把人類的需求分成五個層次：

⇨ **最基礎的第一層次是生理需求**
⇨ **再來第二層次是安全需求**
⇨ **第三層次是社交需求**
⇨ **第四層次是尊重需求**
⇨ **第五層次是自我實現需求**

我覺得馬斯洛需求層次理論，對於人這一生要如何活有很大的指標意義。

他將人的需求拆解為五種層次，並給予定義。透過各個層次定義的理解，我們可以用來檢視目前我們的自己是在哪一層次上，以及是否跟我們理想中的層次有所落差？那落差在哪裡？以及如何調整以達到目標？這些都是可以透過拆解得到的。

拆解問題小活動

馬斯洛需求層次理論	我的目標 (SMART 原則撰寫)	預計完成時間
1. 生理需求	◆ ◆ ◆	
2. 安全需求	◆ ◆ ◆	
3. 社交需求	◆ ◆ ◆	
4. 尊重需求	◆ ◆ ◆	
5. 自我實現需求	◆ ◆ ◆	

找到自己，並跟別人比較競爭更有意義

而我存在的意義是什麼？這個世界有我跟沒有我的差異在哪？如果找不到這樣的意義，就很容易陷入空洞的漩渦當中。

只是也不用太過焦慮，因為大部分的人都一樣找了很久才發現自己來到這世上的人生意義是什麼。生活中不用樣樣完美，重點項目維持高品質，有些堪用就好，人生不也是這樣過的嗎？

人不可能在每一項都頂尖，雖然樣樣頂尖的人可能存在，但真的是鳳毛麟角。我們無法跟天才相比，也不需要跟天才相比，比較所產生的通常是挫折跟偏執。

怎麼說呢？如果是執著於遇到一個比我們厲害的人，怎麼比都不如人家，內心會有很大的挫敗，會覺得自己努力完全無效，久而久之就不繼續努力了。若是跟什麼都自己差的人比較，怎麼比你都覺得沒意思，久而久之會產生自己很厲害的幻覺，反而應對進退都會變得自大起來，這樣也不是件好事。

我只是想要說明，這樣不在同一個層次的比較是沒有意義的，而且每個人本來就都是獨特的，用相同標準衡量每個人，某程度也是不合宜的。

而且你會發現，如果一直跟別人比較，你的生活就一定要有一個競爭對手存在，時時刻刻你所想的，就是如何超越並打敗你的競爭對手，超越了你會很開心，但也會開始鄙視你的競爭對手，你會發現你已經超越他了，那還有什麼可以學呢？轉而繼續尋找下一個待超越的目標。

其實這樣的狀態很像金庸小說當中的獨孤求敗，一生只是活在勝負當中。若你發現自己的競爭對手太過強大，有生之年難以超越，

可能會出現中傷對方，排擠對方等負面手段，這樣的方式並無法讓我們進步，反而讓我們的目標變成阻礙他人發展為目標。阻擋別人並不會讓自己向上移動，因為還太多我們不認識跟不知道的人依然努力著，不想要原地踏步不動，就要思考明天如何比今天的自己更成長些，透過這樣細小的改變跟積累，你逐漸會發現自己的進展變快了，來到未曾想過這麼快到達的位置。

你眼前的高牆，是為了讓你真正證明自己而存在

理想說起來很美麗，實踐之後才會發現現實跟理想的距離有多遙遠，但這也是一個非常好省思的機會。

舉個親身例子來說，我剛出來擔任講師的時候，也是不斷聽到周遭的人給予建議，沒有名氣、沒有資歷、沒有太多授課經驗，誰會用我？確實我嚐到 106 天完全沒有任何工作的困境，之後接到第一個學校的兩天課程，成了我在講師之路的起始。過程間我也參加幾個社團要去推廣自己的課程，但是都成效不彰。仔細分析原因，發現大多數的社團彼此都在聯誼交流情感居多，要透過這樣來推廣課程，難度很高。而在一般商業團體當中，課程通常是偏向無形的服務，也不是每次都能夠成交的狀態。

最後我做了一個決定，那就是不要行銷自己的課程，轉而利用這些時間，好好地準備自己的課程，讓其含金量提升。簡單來說，就是做口碑！

透過學員的學習，進而轉介紹，這幾年在自己的紮實努力中，慢慢地往上爬，從一開始的學校巡迴，逐漸有政府單位／財團法人／社團法人逐步邀約，現在企業比例佔比不低的情況下，也重新突破了自己，我也越來越少聽到質疑的相關聲音，因為我透過行動與成

續證明我的價值。

我永遠都記得一段話，那段話是知名學者蘭迪。鮑許在《最後的演講》這本書當中的一段話。我節錄片段如下：「請記住，阻擋你的障礙必有其原因，這道牆並不是為了阻止我們，這道牆讓我們有機會展現自己有多想達到目標，這道牆是為了阻止那些不夠渴望的人。他們是為了阻擋那些不夠熱愛的人而存在的。是的，如果你足夠熱愛，不論有沒有錢，你都會廢寢忘食地去做。正因為足夠熱愛，所以才能達到更加頂尖的地步，而這樣的頂尖將會讓幸福隨之而來。我在我在意的項目當中做到頂尖，就是一個讓自己生命充滿意義的人生。」

我很欣賞的印度寶來塢天王阿米爾罕（Aamir Khan）在新片《我和我的冠軍女兒》（Dangal）中，為了應付角色不同年齡的體型變化，拍戲期間先增重 28 公斤，再用近五個月的時間減肥 25 公斤。阿米爾罕在《我和我的冠軍女兒》從年輕摔角選手演到 52 歲的中年男子，原本導演希望他從年輕精實身材演到中年肥胖，但是被阿米爾罕一口氣回絕：「電影有 80％ 是肥胖體型，我要先從胖的樣子開始演，如果先演年輕再增肥演到老，到時拍完我就變成胖子，不會再有任何動力減肥！」

導演聽完也覺得有道理，就從中年開始拍攝，而阿米爾罕也開始狂吃漢堡跟所有高熱量食品，而他最胖高達 97 公斤、體脂肪 38％，實在是非常驚人。他在影片當中描述著：「我覺得我快完蛋了，這（指減肥）根本是不可能的任務！」接著他努力跟著健身教練重量訓練，也有營養師開出有助燃燒脂肪的餐點，果然他在 5 個月甩肉 25 公斤，回到更勝從前的健美身材，所以只要有減肥目標，透過實際行動才能讓體重改變！

邀約大家行動吧！沒有付出代價的成果是不會珍惜的，就像中大樂透的得主，通常不久之後就打回原形一樣，還是要踏實踐行更為重要。

> 做不到常常是因為想要但不想要付代價，
> 但不想付代價的捷徑，往往得不償失。

別忘了，讓自己成為比過去更好的人，是拆解「認識你自己」最重要的目標！

6-3

如何拆解不喜歡現在自己的焦慮？

事實通常跟你第一眼看到想到的不一樣，學會重新思考的拆解方法

　　之前去授課，剛好有一位同仁小華在 HR 介紹之下，希望我跟他聊聊。

　　下課後，我跟小華在 HR 準備的一間會議室小聊，發覺小華他覺得自己很努力，但是每天總是有一股焦慮籠罩著自己，不知道如何排除，希望跟我尋求方法解決。

　　在談話過程中了解，小華也是排名前幾名的學校畢業，非常聰明，反應力快，但是卻缺乏自信，過程中眉頭深鎖，欲言又止，在詢問工作情況，也感覺像一把生鏽的刀，效率不容易展現。對話後發現，是小華內心的焦慮太多而壓迫自己的產出效能，就覺得好可惜，因為小華深陷負面思想模式難以掙脫，自己過度地焦慮，而影響到生活與工作。

而焦慮來源是他希望自己能夠做得跟帶他的主管一樣好，所以種種行為都是「依照主管標準」，結果搞得自己累得半死，但是成績依然跟主管有不小的差異，因此讓他極為沮喪。

　　我覺得將主管視為標竿學習是很棒的，只是小華沒有意識到一點，主管已經在這個領域深耕 15 年了，而他只來半年，相關實務經驗天壤之別，設的目標太高，那樣的技術門檻不是短時間能夠攻克，建議小華多給自己一些時間，其實主管也對於他的表現給予高度肯定，只是沒有當面說出來肯定他。

　　於是後來對話結束後，請 HR 跟主管討論可以多給小華一些口頭肯定，之後 HR 反饋也說小華更加努力工作，主管也非常感謝。我後來思考過程，我是怎麼梳理小華的焦慮呢？

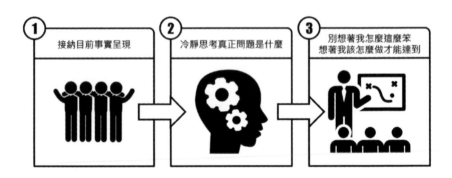

Step 1：接納事實，但重新思考事實

當你引發焦慮的負面想法出現時，不要先把這樣的負面想法當成事實接收。每個人心目中都有自己的理想狀態，只是現實往往跟理想都有一些落差，我們會因此出現失落感。

就像之前說的，看到現實與理想的落差這是事實，只是如何解讀這個事實變得很重要。

這讓我想到過去聽過的一個有趣故事，一家製鞋廠的老闆一天把兩位銷售同仁找來，希望安排一個任務給他們。那就是把鞋賣到非洲去！業務員甲說：「老闆你這不是難為人嗎？怎麼可能把鞋賣給非洲人呢，那裡的人跟本就不穿鞋的。」業務員乙說：「老闆，我去！多好的機會啊，多大的市場！要是非洲人民知道穿鞋的好處，天哪得有多少人得買我的鞋啊。」

在這故事中，非洲人不穿鞋子是事實，但是兩個業務員的解讀卻大相逕庭。

> **簡單說，看到事實之後如何思考，**
> **我覺得是影響後續行動的重大關鍵。**

不是要讓大家不斷強迫自己「正向思考」，而是只要讓自己覺察到可能「負面思考」的思維出現，起碼讓自己先不負面思考，這樣就可以讓自己不會先陷入自己不好的焦慮情緒中。

想看看上面小華的例子，業績比主管少是事實，如果只是看到這樣事實後卻在內心鞭打自己怎麼做不好，這是要先避免的情況，因為每個人的生命都是獨一無二的個體。

我想先談一個觀念：不管你覺得他是對的或是錯的，你都是對的。這句話看起來邏輯不通，但是這代表著我們如何看待這個世界的樣貌。任何事情都有正反兩面，正負能量也同時並存在我們心中，每個人都是。唯一的差別是，在事件發生的關鍵時刻，我們是選擇運用哪一種角度看待事情與面對，這決定了我們將如何後續行動。

╱ Step 2：冷靜思考真正的問題是什麼

　　會出現焦慮一定其來有自，我們可能看到問題的部分真實樣貌，但也要時時提醒自己這可能不是全貌，可能不如你的第一想法那麼糟，只是也會發覺自己的焦慮可能有其挑戰的地方，與其一心一意認定「整個都毀了」，不如仔細評估情況，思考真正問題出在哪裡？或者最大的困難點在哪裡？

　　一昧想著自己這麼笨是無濟於事的，這對現實的改善沒有幫助。首先要給自己一點信心，我是有能力可以改變現況。也同時要自覺自己的比較基準是誰？

　　舉唱歌為例好了，若我拿自己跟歌神張學友比較，根本不用比，因為等級相差太多了，可能練習一輩子都無法達到這樣的地步，這樣一輩子沒有成功的希望的擔子會把自己壓得太沈重。

Step 3：不要想著我怎麼這麼笨，要想著我該怎麼做才能達到？

讓比較重心回到自己身上吧！不是要跟他人比，而是要跟過去的自己比是否進步，把重心放在自己的進步上而不是焦慮上！那要怎麼把重心放到自己身上呢？可以先問問自己幾個問題：

⇨ **我的目的是什麼？**
⇨ **我為什麼要這樣做？**
⇨ **這樣做我快樂嗎？**
⇨ **做了比較好還是不做比較好？**

問了這幾個問題之後，是不是比較冷靜一些了呢？你會發現我們並不想要跟他人比較，只是過往學校教育不自覺讓我們慣性比較。那要怎麼辦呢？

我想到一個折衷辦法，既然比較難以改變，那就比較健康的比較：

> *在選取比較基準時，要選比自己*
> *高兩個位階的職務來比較進行。*

這觀念我是從過去主管身上學到的，當我在思考工作問題時，他要我不要只是思考自己的工作範疇而已，要跳脫框架去思考。這樣可以讓自己用比較高的位階去思考，並學習思考在這位階的主管如何思考問題跟做決策模擬。

然後可以透過模擬演練來訓練自己的思考，就像很多人沒有當過爸媽，但是有一些心理準備跟練習，總是會比全然的生手爸媽適應得好。

同樣的，這樣的觀點也可以應用到提升自己的狀態，跟緩解自己的焦慮。透過跟高兩個位階的主管比較，可以知道自己有哪些不足之處，看到不足之處不要驚慌，而是看看自己跟主管年紀差距，思考自己要用幾年時間先把能力準備好。

透過轉換思維來思考「如果……會怎麼樣？」，像是如果我變成高兩個位階的主管，我覺得我的生活是怎麼樣的呢？這樣可以讓自己朝向未來去思考，找到前進的動力。

拆解問題小活動

....

可以透過下面的小練習來簡單評估目前的差異，然後透過自己評價與他人回饋來讓自己得到更全面的釐清，進而努力使自己成為更好的人。 我想到一個折衷辦法，既然比較難以改變，那就比較健康的比較：

小練習			
評估指標	景仰對象	自己評價	他人回饋
工作			
財務			
健康			
才藝			
...			

6-4

如何拆解人生缺乏動力的難題？

不是去找到動力，而是找到你真正的目標

明明有很多事情要做，卻沒有動力完成？不要感到氣餒，因為我們是人不是機器，也會有喪失動力的時刻，要能夠先接納自己，之後才能找到缺乏動力的原因，進而再次全力衝刺。

而我覺得有自覺意識，知道自己想要過什麼樣的人生很重要！只是要有這樣的自覺意識，才知道自己為何而戰。

就像我最近在輔導的一位學員對於工作有些急迫需求，仔細詢問發現有了孩子，因此他希望能夠自己保護好照顧好這個孩子，所以拼命工作。人如果找到自己想要守護的人事物，都會爆發出絕對的動力，只是說實在的這並不容易，通常要自己或週遭生命發生重大衝擊，我們才會真的下定決心改變調整！

只是能否不用每次都以身嘗試，要等到遇到大困境才爆發動力呢？畢竟這樣代價太過驚人。希望能透過拆解的方式，讓各位也能從有意識到有行動。有行動就能夠改變一部分，透過改變的累積堆疊，量變會產生質變。

動力不是靠熱血，而是找出真正方法

如果目前的工作不喜歡，那就要問自己喜歡什麼？在這類事情上，我一直覺得很多人會給建議，像是「找出自己最有熱情的事情」就是一句聽起來很熱血，但沒有行動方案的建議。

怎麼說？我舉一個過去與學員的對話為例，有兩個學員來找我聊轉職，以下還原當時後的情境：

一個學員說：我目前工作遇到瓶頸沒有熱情了。

另一學員說：那還不簡單！你就去做你有熱情的事情呀！

一個學員說：我有熱情的是打電動。

另一學員說：那你怎麼不去轉戰職業加入電競隊伍比賽？

一個學員說：那怎麼可能，可是我又還不到那個等級⋯

後續我就不詳述了，後來有分析該學員的情況，但是幾個月之後，發覺他還是一樣的狀態，我只能說好可惜，生命的狀態一直被「可是」兩個字卡住！

我覺得要篤定說熱愛的事情之前，還有很多關卡要走，首先你要先想出哪些是自己喜歡做的事情，如果連喜歡不喜歡都不知道，談熱愛只能說是空話。那問自己喜歡什麼，通常我會聽到的答案是：不知道？

而首先要做的，就是覺察當下的自己。那要怎麼知道自己做的事情是否對人生有意義？講到意義可能太形而上的概念，很多人可以概念上理解，但是對於其中含意各自解讀，這個我經常遇到。簡單說，你是否不後悔？或者可以問問下面這些問題：

> ⇨ **我熱愛我的工作嗎？**
>
> ⇨ **我現在快樂嗎？**
>
> ⇨ **什麼讓我感到快樂？**
>
> ⇨ **我對現狀感到滿意？**

接下來要思考的問題比較實際，那就是「工作發展前景」與「薪資問題」。要確定自己的工作未來發展前景，你會說這怎麼確定？這個世界變化這麼迅速？正因為這個世界變化如此快速，更是要積極探索目前最新的資訊與潮流，為的是讓自己有比別人多一些機會與時間準備，在淘汰的機制底下，能夠相對爭取多一點時間與機會，降低自己被淘汰的機率。

找出真正能解決的目標

有些人也會說，我有目標呀，但是目標都無法達成！

這樣說我還是覺得太過於籠統，因為短短一句話當中無法知道這個人的人生目標是什麼，太過於籠統，或者是陷入重力問題的泥淖當中。

我個人很喜歡《做自己的生命設計師》一書中重力問題的概念，什麼是重力問題？重力問題就是根本不是真正的問題，因為無法行動的問題，就不是問題，而是一種情境，一種場景。然而，重力是無法解決問題的！這部分我覺得也有必要把人生目標定義清楚。

規劃自己的百年目標

就是因為我們都通常難以想像沒有經歷過的未來，要我們想像90歲的自己，真的難如登天。但如果有提早思考，總會比其他人更有機會來調整與思考辦法因應，那要如何因應呢？

我讀日本人寫的書挺多的，而日本第一曼陀羅筆記術專家松村寧雄先生所寫的《曼陀羅式聯想筆記術》，是我珍藏的其中一本，書中有提到人生百年計畫，同時也呼應了《100歲的人生戰略》裡面的相關內容，百歲壽命與延長工時即將成為現實，也要重新看待我們生命階段的認知。人生百年計畫，我覺得就是體現拆解的好結構。松村寧雄先生認為人所追求的是平衡的幸福美滿人生！而將人生分成八大領域，也是拆解的概念！

松村寧雄先生認為每個階段都有不同著重的事物，透過看到人生終點而讓自己生命活得更有意義與更加踏實，我覺得這跟陳怡安老師教導我們的觀念不謀而合，而這八大領域如下：

⇨ **健康**：健康有問題的人，可以思考和治療有關的方向。健康的人，可以思考要怎樣維持或提升體能。

⇨ **工作**：建立一年的工作計畫。

⇨ **財務**：記錄投資／資產取得／儲蓄／付清貸款等等，想要在一年之內完成的目標。也可以寫下長期目標。

⇨ **家庭**：自己想要建立什麼樣的家庭，為了達成目標又該如何做。

⇨ 社會：結交朋友 / 組織社團 / 培養人賣等，規劃自己在這一年中想要建立什麼樣的人際關係，想要和社會產生什麼樣的關聯。

⇨ 人格：人格的本質在於能夠獲取別人的信任。對於想要追求幸福人生來說，良好的人際關係十分重要，所以大家必須要好好培養自己的人格。

⇨ 學習：對於自己感興趣的事情，人們會更加用心，並且在追求的過程中展現出自己年輕一面。

⇨ 休閒：如何運用空閒時間來豐富人生，消除疲勞也是幸福美滿人生重要的一環。

拆解問題小活動

∙∙∙∙∙∙∙∙∙∙∙∙∙∙∙∙∙∙∙∙∙∙

透過拆解之後，讓自己把裡面要完成的目標一一列出來，就會發覺只要完成這些工作，就能夠朝自己所嚮往的目標邁進，我一想到都覺得很興奮，人生缺少動力的情況也會某程度得到抒發跟緩解。

小練習

項目	目標內容	完成程度
1. 健康		
2. 工作		
3. 財務		
4. 家庭		
5. 社會		
6. 人格		
7. 學習		
8. 休閒		

6-5

如何拆解找不到人生目標的難題？

終極的拆解，在於拆解自己的人生，讓自己不僅成就，
更要快樂

　　每個人的生命都是獨一無二的個體，看到很多人抱怨找不到自己的人生目標時，就會有一種很可惜的心情感受。如果能在自己的人生目標中努力，是一件多麼令人感到興奮的幸福。

　　只能提供我所使用的方法與工具跟練習，讓您覺察到或許可以有不一樣的方式思考自己的人生，但是我並無法，也無權替您設計你的人生，因為每個人都是自己人生的設計師。

　　你的生命要多精彩，自己決定。再次強調，不要把主控權交給別人掌握！

　　本書撰寫至此，我從各種角度，從職場、從簡報、從生活，分享各種拆解問題的方法，目的就是希望大家能夠解決自己的問題，而最大也最重要的問題，當然就落實在人生之上。

　　因此在本書最後這篇文章，我想從人生大目標，來做一個拆解的總結。

每個人都有自己任務忙碌著，常不經意就會聽到某親戚或某朋友突然辭世消息，心中總是會有一些警示敲叩跟內在對話。如果我突然就離開了，那我會不會有很多遺憾與罣礙？我的答案是絕對肯定的，我還有太多夢想待完成，太多領域待探索，太多回憶待創造。

說個小故事，在我就讀台大心理系大三下六月初的一個週三上午，突然感到背部一陣疼痛，呼吸開始有點困難，趕緊前往台大醫院急診部，發現是自發性氣胸。在等待家人趕來的過程，一個人躺在急診室病床上，聽著心電圖儀器檢查發出聲音，腦中居然出現過往從小到大一幕幕的畫面如同跑馬燈一樣閃過。

當下的唯一心情就是，我還不想死！我還想好好活著，如果這次好好活下來，要讓自己過不同的日子。幸運的是，我手術順利恢復良好，不然輪不到我寫這個故事給大家分享。

那我該怎麼活比較好呢？聖哲蘇格拉底說：「沒有反省的人生，是不值得活的人生。」聽起來很有道理，只是要怎麼反省？以及反省後我真的能夠變得更好的自己嗎？我該如何檢視？我未來要怎麼活？這提出來的每個問題也都困擾著我，每個問題都可以在市面上找到一堆書，只是看了這麼多書，還是要匯歸，這些都是 input，沒有 output，這一切都只是海市蜃樓。什麼是 output？踐行就是！

踐行，是檢驗真理的唯一標準。只是踐行也需要方向，沒有方向，做再多，可能只是徒勞。

那能怎麼做？我想到的是過往讀到的傳統經典《大學》，在《大學》第四講原文如下：「古之欲明明德於天下者，先治其國；欲治其國者，先齊其家；欲齊其家者，先修其身；欲修其身者，先正其心；欲正其心者，先誠其意；欲誠其意者，先致其知；致知在格物。物格而後知至，知至而後意誠，意誠而後心正，心正而後身修，身

修而後家齊，家齊而後國治，國治而後天下平。」

簡單來說，上述這段話就是儒家修學的八個科目，也稱為「八目」：格物、致知、誠意、正心、修身、齊家、治國、平天下。我自認是程度不足的小人物，最後的治國、平天下力有未殆，只能從自己提昇心性開始做起。而自我修煉就是把我們自私自利的思想觀念修正為利他的思考。

而這樣的思考也讓我想起哈佛大學教授克雷頓‧克里斯汀生博士所寫的《你要如何衡量你的人生？哈佛商學院最重要的一堂課》一書，我覺得東西方都有共通的人性觀點，在書中克里斯汀生博士一開始就提出三個人生問題，可以先從回答這三個問題開始。為什麼呢？人生不外乎照顧好自己、家人、朋友、同事、組織、社會，總是要先把自己照顧好，才行有餘力得以照顧他人。這三個問題是這樣的：

> ⇨ 如何知道我的工作生涯可以成功、快樂？
> ⇨ 如何知道我與配偶、兒女與朋友的關係可以成為快樂泉源？
> ⇨ 如何知道我這一生會堅守原則，以免除牢獄之災？

如何知道我的工作生涯可以成功、快樂？

每天一早起床我有為自己正在做的事情而感到歡喜快樂嗎？我現在從事的培訓師是經常工作到凌晨，之後一大早起床趕高鐵。雖然目前工作量負擔重很多，時常也是忙到躺下就能秒睡，但我覺得每天看到自己待辦清單一條一條完成劃掉的穩定踏實感，內心是充實的。

再來就是不能只想到自己過得好，因為如果只設定自己的目標，但是沒有留意社會或是組織時機尚未成熟，結果就自己做了很多白費力氣的事情。因此我的體驗是自己擬定的策略也要結合趨勢，才能產生更多加乘效果。而能使策略成功，必須思考如何讓資源分配能跟自身目標一致，每次修正都要能與心中價值觀相符。

就如同知名 TED 講者理察・聖約翰 (Richard St. John) 在《成功者的 8 個特質：持續這 8 件事，預約十年後的名利雙收》提到想要成功就要能夠為更多的人提供服務。

如何知道我與配偶、兒女與朋友的關係可以成為快樂泉源？

關係對我來說是非常重要的議題，因為工作性質關係時常在外地奔波，每次在家時間都特別珍惜，但仍自覺有許多不足需改進之處。書中提到一個觀念我很有共鳴：不管哪種人際關係，開始投資時間都必須要趁早開始。

像是孩子的陪伴與交流、長輩的照護等等，跟成功學大師史蒂芬・柯維先生提到的情感帳戶存款觀念很相近。

教育孩子思考的不是現在，而是我們不在的時候，他們是否有能力更加茁壯。這樣以終為始的思考，可以在孩子面對困難時，我們可以相對冷靜判斷，可以從中相對減少些煎熬。因為心中明白這樣的獨立自主思維，反而是培養孩子成長與自信來源的一種方式。

如果把過多的事情外包，那麼小孩子很容易的就失去應該擁有的能力。而能力檢視可從三個面向來看待：

> ⇨ 資源：金錢、物質、時間、經歷、知識、才能、人際關係等。
>
> ⇨ 流程：運用資源所創造出來的。
>
> ⇨ 優先順序 (價值觀)：在我心目中覺得哪些事情對我來說才是最重要的。

如何知道我這一生會堅守原則，以免除牢獄之災？

這個問題其實我沈思反省良久。因為我發覺現在時間緊迫不允許，有時要完成很多事情，反而會妥協了一些事情。

克里斯汀生博士在書中提到，他小時候因為信仰要上教堂，而無法出席球隊冠軍賽的案例，這真的令我印象深刻。換作是我，我應該會去球隊比賽，因為不希望我的夥伴們因為我的關係而努力白費，我自覺這樣的人際關係對我來說是個壓力。

那我能夠怎麼做？我堅持不變的是什麼呢？是否因此持「這次就好，下不為例」的狀況持續出現？越多的更動某程度也帶來越多的混亂，而是否也會讓我偏離了人生目標而不自知？

這是我認為很值得思考的問題。我是從這樣的自我對話中找出我作為培訓師與助人工作者的意義，希望我服務過的企業 / 組織 / 學員，都能更過得比之前更好，這是我的人生目標。

我思考許久並把相關問題記錄下來，有想到幾個問題想請大家思考看看，也做為我們全書「拆解問題的技術」，最後的人生拆解的總結。

拆解問題小活動

....

我這輩子想成為什麼樣的人？

_____

_____

我最核心不可動搖的信念是什麼？

_____

_____

我如何衡量自己的人生？

_____

_____

遇到極端狀況測試時，我會怎麼做決定？這些信念真的是如此不可動搖嗎？

_____

_____

國家圖書館出版品預行編目資料

拆解問題的技術：讓工作、學習、人生難事
變簡單的 30 張思考圖表 / 趙胤丞 著 .-- 初版 .
-- 臺北市：創意市集出版：城邦文化發行，民
107.6 面； 公分

ISBN 978-986-199-486-4（平裝）
1. 職場成功法 2. 思考 3. 生涯規劃

494.35　　　　　　　　　　　107006490

【View 職場力】2AB943

拆解問題的技術
讓工作、學習、人生難事變簡單的 30 張思考圖表

作者 趙胤丞／責任編輯 黃鐘毅／版面構成 江麗姿／封面設計 陳文德／行銷企劃 辛政遠 楊惠潔／總編輯 姚蜀芸／副社長 黃錫鉉／總經理 吳濱伶／發行人 何飛鵬／出版 創意市集／發行 城邦文化事業股份有限公司／歡迎光臨城邦讀書花園網址：www.cite.com.tw／香港發行所 城邦（香港）出版集團有限公司／香港灣仔駱克道 193 號東超商業中心 1 樓／電話：(852) 25086231 傳真：(852) 25789337／E-mail：hkcite@biznetvigator.com／馬新發行所 城邦 (馬新) 出版集團／Cite (M) Sdn Bhd 41, Jalan Radin Anum, Bandar Baru Sri Petaling, 57000 Kuala Lumpur,Malaysia.／Tel：(603) 90578822／Fax：(603) 90576622／Email：cite@cite.com.my／印刷／凱林彩印股份有限公司／2022 年 (民 111) 7 月 初版13 刷 Printed in Taiwan.／定價 320 元

若書籍外觀有破損、缺頁、裝訂錯誤等不完整現象，想要換書、退書，或您有大量購書的需求服務，都請與客服中心聯繫。

客戶服務中心／10483 台北市中山區民生東路二段 141 號 B1／服務電話（02）2500-7718、（02）2500-7719

服務時間／周一至周五 9：30 ～ 18：00／24 小時傳真專線（02）2500-1990 ～ 3／E-mail：service@readingclub.com.tw

※ 詢問書籍問題前，請註明您所購買的書名及書號，以及在哪一頁有問題，以便我們能加快處理速度為您服務。

※ 我們的回答範圍，恕僅限書籍本身問題及內容撰寫不清楚的地方，關於軟體、硬體本身的問題及衍生的操作狀況，請向 原廠商洽詢處理。

※ 廠商合作、作者投稿、讀者意見回饋，請至
　FB 粉絲團 · http://www.facebook.com/InnoFair
　Email 信箱 · ifbook@hmg.com.tw